新世纪职业教育系列规划教材

SEE Electrical
电气工程制图

- ◎ 从入门到精通，创保姆级教程
- ◎ 紧贴工程实际，强化应用能力
- ◎ 任务实践导向，营造真实情境
- ◎ 提升技术水平，注重素质养成

◉ 许克亮　张秀华 / 主　编
　姜智辉　胡绪志 / 副主编

大连理工大学出版社

图书在版编目(CIP)数据

SEE Electrical 电气工程制图 / 许克亮，张秀华主
编. -- 大连 : 大连理工大学出版社，2023.1
ISBN 978-7-5685-4008-7

Ⅰ. ①S… Ⅱ. ①许… ②张… Ⅲ. ①电气制图－计算
机辅助设计 Ⅳ. ①TM02-39

中国版本图书馆 CIP 数据核字(2022)第 233992 号

大连理工大学出版社出版
地址:大连市软件园路 80 号　邮政编码:116023
发行:0411-84708842　邮购:0411-84708943　传真:0411-84701466
E-mail:dutp@dutp.cn　　URL:https://www.dutp.cn
大连图腾彩色印刷有限公司印刷　　大连理工大学出版社发行

幅面尺寸:185mm×260mm　　印张:10.5　　字数:256 千字
2023 年 1 月第 1 版　　　　2023 年 1 月第 1 次印刷

责任编辑:唐　爽　　　　　　　　　　责任校对:陈星源
　　　　　　　封面设计:张　莹

ISBN 978-7-5685-4008-7　　　　　　定　价:38.80 元

前 言

智能制造是基于新一代信息通信技术与先进制造技术深度融合,贯穿于设计、生产、管理、服务等制造活动的各个环节,具有智能化、网络化、数字化和自动化等鲜明特征的新型生产方式。智能制造的本质是先进制造,基础是数字化,而核心技术之一是工业软件,电气设计类软件则是工业软件重要的组成部分。

很多企业为了顺应智能制造的发展,已经开始应用智能化、模块化、配置化的专业电气设计软件,因此相应地需要会使用这些专业电气设计软件的人才。他们需要具备识图、绘图、设计图纸及生成报表等职业能力;精通 IEC、GB、JIS 等主流电气设计标准,能够熟练开展电气工程项目的结构化、标准化设计;擅长企业工程数据库的管理与维护;具备 3D 机柜设计能力,可以实施机柜内的自动布线和计算线长;有能力深度参与电气设备的安装与调试,及时发现并纠正工程设计过程中的问题。这给职业教育提出了新的人才培养目标,也是我们编写这本教材的目的。

SEE Electrical 是由 IGE+XAO 集团研发的高效电气设计软件,具有功能完善、结构简单、易学易用等特点,已经在航空航天、核电、工业自动化、轨道交通、冶金等行业的电气设计领域被广泛应用。作为一款专业的电气设计软件,SEE Electrical 的应用改变了传统电气设计方式,它能够提供全新的电气设计体验,并大幅提高电气设计的效率和标准化程度。

本教材依据"基于工作过程"的课程设计理念,以"工厂空调控制系统"项目为载体,以SEE Electrical 为设计工具,通过实际工程项目的实施,引导学习者学习 SEE Electrical 电气设计软件的使用,帮助学习者深入浅出地理解电气设计的基本知识和技术规范,轻松、快速地了解 SEE Electrical 的基本功能,全面、熟练地掌握电气设计的基本技能。

本书由冀南技师学院许克亮、张秀华任主编,冀南技师学院姜智辉、胡绪志任副主编,冀南技师学院史朋波、贾晓星任参编。具体编写分工如下:许克亮编写项目一、项目三和项目十;张秀华编写项目二、项目四和项目六;姜智辉编写项目五和项目八;胡绪志编写项目七和项目九;史朋波、贾晓星编写附录,并负责全书的案例验证及校对等工作。

在编写本教材的过程中,我们得到了苏州市职业大学刘韬教授、法国 IGE＋XAO 集团中国分公司总经理杨旭先生及其团队提供的专业协助和技术支持,在此一并表示感谢!此外,我们参考、引用和改编了国内外出版物中的相关资料以及网络资源,在此对这些资料的作者表示深深的谢意。请相关著作权人看到本教材后与出版社联系,出版社将按照相关法律规定支付稿酬。

尽管我们在探索教材特色方面做出了许多努力,但教材中仍可能存在一些不足,恳请广大读者批评指正,并将意见和建议反馈给我们,以便修订时改进。

编　者
2023 年 1 月

所有意见和建议请发往:dutpgz@163.com

欢迎访问职教数字化服务平台:https://www.dutp.cn/sve/

联系电话:0411-84707424　84708979

目　　录

项目一 电气工程制图入门

项目目标

欢迎进入电气工程制图的领域!

- 掌握电气工程图的概念和分类。
- 掌握电气工程制图规范。
- 掌握电气符号中的分类和应用。
- 遵守电气工程制图的规范,了解相关标准,培养规范作图意识,提高规范作图能力。

技能重点

- 电气工程图的概念和分类。
- 电气工程制图相关标准。
- 电气符号的分类及应用。

任务一 了解电气工程制图

1.电气工程的概念和分类

电气工程是指某一工程的供电、用电工程。电气工程的分类方法有很多种。按构成和功能,电气工程可以分为电力工程、电子工程、建筑电气工程和工业电气工程。

(1)电力工程

电力工程主要包括发电工程、变电工程和输电工程三类。

（2）电子工程

电子工程主要指家电、广播通信、计算机等领域的弱电工程。

（3）建筑电气工程

建筑电气工程主要包括工业与民用建筑领域的动力照明、电气设备、防雷接地、保护接地和工作接地等。

（4）工业电气工程

工业电气工程主要指机械、工业生产及其他领域的电气设备控制，包括机床电气、汽车电气等的控制，如继电逻辑控制、PLC 逻辑控制等。

2. 电气工程图的概念和分类

电气工程图是按照统一的规范规定绘制的，采用标准图形和文字符号表示的实际电气工程的安装、接线、功能、原理及供配电关系等的简图。电气工程图可辅助电气工程研究并指导电气工程施工等。常用的电气工程图可分为以下几类：

（1）电气系统图

电气系统图主要是用符号或带注释的框概略地表示系统、分系统、成套装置或设备等的基本组成、相互关系及其主要特征。电气系统图一方面为进一步编制详细的技术文件提供依据，另一方面可供操作和维修时参考。图 1-1 所示为某厂房供配电系统图。

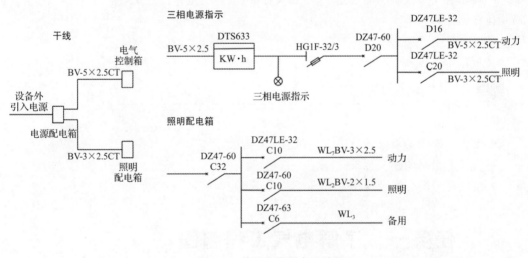

图 1-1   某厂房供配电系统图

（2）电气原理图

电气原理图是指用于表示系统、分系统、装置、部件、设备、软件等实际电气原理的简图，采用按功能排列的图形符号来表示各元件和连接关系，表示其功能而不需考虑其实体尺寸、形状或位置。图 1-2 所示为自动正/反转能耗制动控制电气原理图。

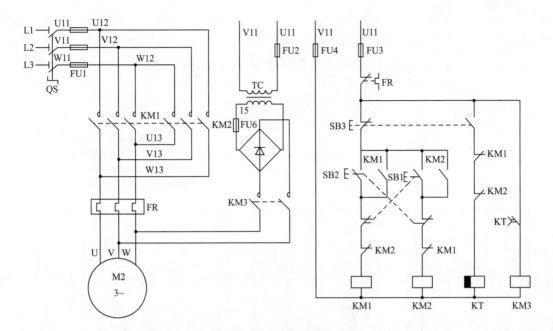

图 1-2　自动正/反转能耗制动控制电气原理图

（3）接线图

安装接线图表示电气装置内部各元件之间及其他装置之间的连接关系，便于设备的安装、调试及维护。图 1-3 所示为某变电站的电气主接线图。

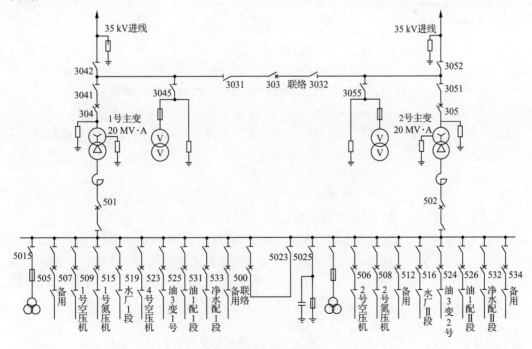

图 1-3　某变电站的电气主接线图

（4）设备布置图

设备布置图表示电气设备的布置方式、安装方式及相互间的尺寸关系，包括平面布置图、断面图、纵横剖面图等。图 1-4 所示为某照明布线图。

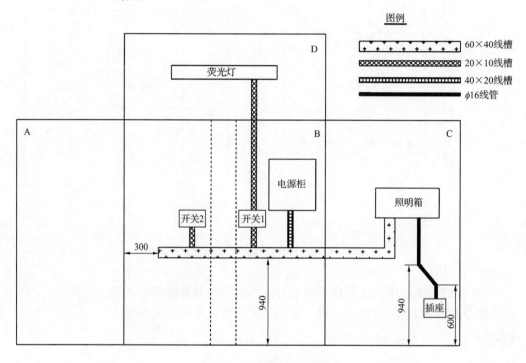

图例

图 1-4 某照明布线图

（5）设备、元件及材料表

设备、元件及材料表即把某一电气工程所需要的主要设备、元件、材料的相关参数列表，包括序号、型号及规格、符号、单位、数量等。

（6）大样图

大样图反映电气工程中某一部件的结构，用于指导加工或安装。一部分大样图是国家标准图样。

（7）产品使用说明用电气图

产品使用说明用电气图是生产厂家随产品使用说明书附的电气图。

（8）其他电气工程图

其他电气工程图有功能图、逻辑图、印制板电路图、曲线图等。

成套的电气工程图一般有图纸目录和前言。图纸目录用于检索、查阅图纸，包括序号、图名、图纸编号、张数、备注等。前言包括设计说明、图例、设备材料明细表、工程经费概算表等。

3. 电气工程图的特点

（1）简图是采用电气图形符号和带注释的方框或简化外形图表示系统或设备中各组成部分相互关系的一种图。简图是电气工程图的主要表现形式。

（2）元件和连接线是电气工程图描述的主要内容。

（3）功能布局法指元件布局只考虑功能关系而不考虑位置关系，如电气系统图、电气原理图等。位置布局法指元件布局对应于实际位置关系，如接线图等。功能布局法和位置布局法是电气工程图的两种基本布局方法。

（4）一个电气系统由许多部件构成，部件称为项目。项目用图形符号表示，图形符号有相应文字符号。用设备编号区分同类设备，和文字符号一起构成项目代号。如 KH 代表热继电器，不同规格的热继电器用 KH1、KH2、KH3 表示。图形符号、文字符号和项目代号是电气工程图的基本要素。

（5）电气工程图具有多样性。例如，电气系统图、电气原理图、接线图等描述能量流和信息流；逻辑图描述逻辑流；功能图等描述功能流。

任务二　掌握电气工程制图规范

通常，电气工程设计部门设计、绘制图样，施工单位按图样组织工程施工，因此图样必须有设计和施工等部门共同遵守的一定的格式和一些基本规范。我国电气制图相关标准主要包括《电气工程 CAD 制图规则》（GB/T 18135—2008）、《电气简图用图形符号》（GB/T 4728.1～4728.5—2018，GB/T 4728.6～4728.13—2022）、《电气设备用图形符号基本规则》（GB/T 23371.1—2013，GB/T 23371.2—2009，GB/T 23371.3—2009）、《水力发电工程 CAD 制图技术规定》（DL/T 5127—2001）等。下面简要介绍一些制图规范。

一般情况下，图样中的尺寸以毫米为单位时，不需标注单位符号或名称。若采用其他单位，则应注明相应的单位符号。本书图例中尺寸单位为毫米的均未标出。

1. 图纸格式

（1）图纸的幅面

绘制图样时，图纸幅面尺寸应优先采用表 1-1 规定的基本幅面。基本幅面有 A0～A4 五种。

表 1-1　　　　　　　图纸的基本幅面及图框尺寸　　　　　　　mm

幅面代号	A0	A1	A2	A3	A4
幅面尺寸 $B \times L$	841×1 189	594×841	420×594	297×420	210×297
a	25				
c	10			5	
e	20			10	

注：a、c、e 的含义见下文。

必要时，允许沿基本幅面的短边成整数倍加长幅面，但加长后的幅面尺寸必须符合《技术制图 图纸幅面和格式》（GB/T 14689—2008）中的规定。

幅面代号表示的是对全张纸（A0 幅面）的对开次数。如 A1 中的"1"，表示将全张纸长边对折裁切一次所得的幅面；A4 中的"4"，表示将全张纸长边对折裁切四次所得的幅面，如图 1-5 所示。当电气工程图主要采用示意图或简图的表达形式时，推荐采用 A3 幅面。

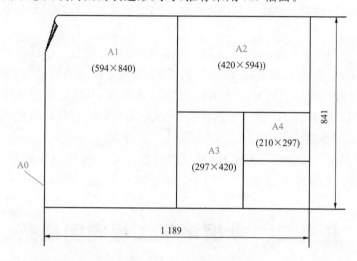

图 1-5　基本幅面的尺寸关系

为了确定图中内容的位置及其他用途，往往需要将一些幅面较大、内容复杂的电气图进行分区，如图 1-6 所示。

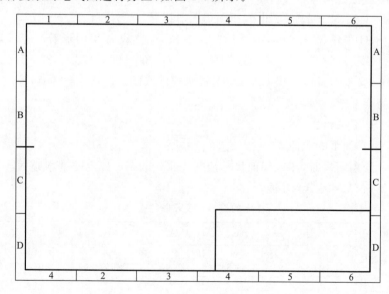

图 1-6　图幅的分区

图幅的分区方法：将图纸相互垂直的两边各自加以等分，竖边方向用大写拉丁字母编号，横边方向用阿拉伯数字编号。编号应从标题栏相对的左上角开始顺序编写,分区数应为偶数。每一分区的长度一般应不小于 25 mm 且不大于 75 mm。图纸分区后,相当于在图样中建立了一个坐标系,电气工程图上的元件和连接线的位置可由此坐标而唯一地确定下来。

(2)图框

在图纸上必须用粗实线画出图框。图框格式分为留有装订边和不留装订边两种,分别如图 1-7 和图 1-8 所示。不同图纸幅面图框的周边尺寸 a、c、e 见表 1-1。

同一产品的图样只能采用一种图框格式。

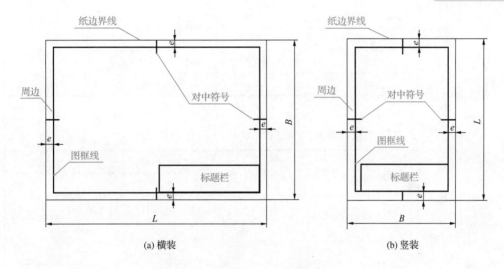

(a) 横装 (b) 竖装

图 1-7 留有装订边图样的图框格式

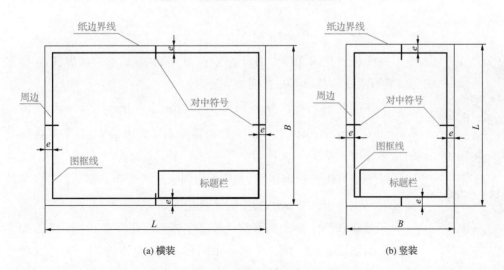

(a) 横装 (b) 竖装

图 1-8 不留装订边图样的图框格式

（3）标题栏

标题栏是用来确定图样的名称、图号、张次、更改和有关人员签署等内容的栏目，一般位于图样的下方或右下方。《技术制图　标题栏》（GB/T 10609.1—2008）对标题栏的内容、格式与尺寸做了规定。电气工程图中常用如图 1-9 所示的标题栏格式。

（设计单位名称）		工程名称	设计号
			图号
总工程师	主要设计人	（项目名称）	
设计总工程师	技核		
专业工程师	制图		
组长	描图	（图号）	
日期	比例		

图 1-9　标题栏格式

学生在作业时可采用如图 1-10 所示的格式。

（院、系部、班级）				比例	材料	
制图	（姓名）	（学号）	工程图样		质量	
设计						
描图						
审核					共　张　第　张	

图 1-10　学生作业标题栏格式

2. 字体

在图样和技术文件中书写的汉字、数字和字母，都必须做到：字体工整、笔画清楚、间隔均匀、排列整齐。

字体高度的公称尺寸系列为 1.8 mm、2.5 mm、3.5 mm、5 mm、7 mm、10 mm、14 mm、20 mm。如果需要书写更大的字，其字高应按 $\sqrt{2}$ 的比率递增。

汉字应写成长仿宋体字，并应采用国家正式公布的简化字。汉字的高度 h 不应小于 3.5 mm，其字宽一般为 $h/\sqrt{2}$。

字母和数字分 A 型和 B 型。A 型字体的笔画宽度 $d=h/14$，B 型字体的笔画宽度 $d=h/10$。在同一张图样上，只允许选用一种型式的字体。字母和数字可写成斜体和直体。斜体字字头向右倾斜，与水平基准线成 75°。

字体示例如图 1-11 所示。

电气工程图中的字体应符合《技术制图字体》（GB/T 14691—1993）和《技术产品文件字体拉丁字母、数字和符号的CAD字体》（GB/T 18594—2001）的规定。

字体工整笔画清楚间隔均匀排列整齐

(a)汉字示例

ABCDEFGHIJKLMNOPQRSTUVWXYZ

(b)字母示例

I II III IV V VI VII VIII IX X

(c)罗马数字

0123456789

(d)数字示例

图 1-11　字体示例

3. 图线

工程图样中常用的几种图线见表 1-2。图线宽度应根据图样的大小和类型选择。

表 1-2　　　　　　　　常用图线

图线名称	图线型式	图线宽度	主要用途
粗实线	——————————	b	电气线路、一次线路
细实线	——————————	约 $b/3$	二次线路、一般线路
虚线	— — — — — — —	约 $b/3$	屏蔽线、机械连线
细点画线	— · — · — · — · —	约 $b/3$	控制线、信号线、围框线
粗点画线	— · — · — · — · —	b	有特殊要求的线
双点画线	— ·· — ·· — ·· —	约 $b/3$	原轮廓线

4. 比例

比例是指图中图形与其实物相应要素的线性尺寸之比。

需要按比例绘制图样时,应优先选择表 1-3 中的优先使用比例。必要时,也允许选择表 1-3 中的允许使用比例。

表 1-3　　　　　　　　绘图比例

种　类		比　　例
原值比例		$1:1$
放大比例	优先使用	$5:1$　$2:1$　$5\times10^n:1$　$2\times10^n:1$　$1\times10^n:1$
	允许使用	$4:1$　$2.5:1$　$4\times10^n:1$　$2.5\times10^n:1$
缩小比例	优先使用	$1:2$　$1:5$　$1:10$　$1:2\times10^n$　$1:5\times10^n$　$1:1\times10^n$
	允许使用	$1:1.5$　$1:2.5$　$1:3$　$1:4$　$1:6$　$1:1.5\times10^n$　$1:2.5\times10^n$ $1:3\times10^n$　$1:4\times10^n$　$1:6\times10^n$

注:n 为正整数。

任务三　掌握电气符号

电气符号包括图形符号、文字符号、项目代号和回路标号等,它们相互关联,互为补充,以图形和文字的形式从不同角度为电气工程图提供各种信息。在绘制电气工程图时,所有电气设备和电气元件都应使用标准符号。

电气 CAD 制图中,符号应符合如下标准:

●《电气简图用图形符号》(GB/T 4728.1～4728.5—2018,GB/T 4728.6～4728.13—2022),用于电气项目的简图和安装图。

●《简图用图形符号》(GB/T 20063.1～20063.12—2006,GB/T 20063.13～20063.12～2009)),用于非电气项目的简图。

●《信息处理　数据流程图、程序流程图、系统流程图、程序网络图和系统资源图的文件编制符号及约定》(GB/T 1526－1989),用于基本流程图。

●《技术文件用图形符号表示规则　第 1 部分:基本规则》(GB/T 16901.1－2008)、《技术文件用图形符号表示规则　第 2 部分:图形符号(包括基准符号库中的图形符号)的计算机电子文件格式规范及其交换要求》(GB/T 16901.2－2013)也应考虑在内。

1. 图形符号

图形符号是指用于表示电气元器件或设备的简单图形、标记或字符。它通常由一般符号、符号要素、限定符号、框形符号和组合符号等组成。

(1)一般符号

一般符号是用来表示一类产品或此类产品特征的一种简单符号。一般符号可直接应用,也可加上限定符号使用。如"——▭——"为电阻器的一般符号,"—▢—"为接触器或继电器线圈的一般符号。

(2)符号要素

符号要素是一种具有确定意义的简单图形,不能单独使用。符号要素必须同其他图形组合后才能构成一个设备或概念的完整符号。如符号要素"◯"表示一个物件,它和一般符号接地符号"⏚"组合构成保护接地符号"⏚"。

(3)限定符号

限定符号是用以提供附加信息的一种加在其他符号上的符号。通常它不能单独使用。限定符号的应用使图形符号更具多样性。例如,在电阻器一般符号的基础上分别加上不同的限定符号,则可得到可调电阻

器符号"—∕—"、压敏（U）电阻器符号"—∕—"等。有时一般符号
                                  U
也可用作限定符号,如电容器的一般符号加到二极管符号上即构成变容
二极管符号"—▷⊢—"。

（4）框形符号

框形符号是用来表示元件、设备等的组合及其功能的一种简单图形
符号。既不给出元件、设备的细节,也不考虑所有连接。通常使用在单
线表示法中,也可用在全部输入和输出接线的图中。例如,"⌗"表示
整流器。

（5）组合符号

组合符号是指通过以上已规定的符号进行适当组合所派生出来的、
表示某些特定装置或概念的符号。例如,"Ⓜ₃～"表示三相交流电
动机。

2. 文字符号

文字符号是表示和说明电气设备、装置、元器件的名称、功能、状态
和特征的字符代码。文字符号可为电气技术中的项目代号提供电气设
备、装置和元器件种类字母代码和功能字母代码;可作为限定符号与一
般图形符号组合使用,以派生新的图形符号;另外,还可以在技术文件或
电气设备中表示电气设备及电路的功能、状态和特征。文字符号通常由
基本文字符号、辅助文字符号和数字组成。

（1）基本文字符号

基本文字符号可分为单字母符号和双字母符号两种。

①单字母符号

单字母符号是用英文字母将各种电气设备、装置和元器件划分为
23 个大类,每一大类用一个专用字母符号表示,如"R"表示电阻类,"Q"
表示电力电路的开关器件等。其中,"I""O"易同阿拉伯数字"1""0"混
淆,不允许使用,字母"J"也未采用。

②双字母符号

双字母符号是由一个表示种类的单字母符号与另一个字母组成的,
其组合形式为单字母符号在前,另一个字母在后。双字母符号可以较详
细和具体地表达电气设备、装置和元器件的名称。双字母符号中的另一
个字母通常选用该电气设备、装置和元器件的英文名称的首位字母、常
用缩略语,或约定俗成的惯用字母。例如,同步发电机的双字母符号为
"GS"。

（2）辅助文字符号

辅助文字符号是用来表示电气设备、装置和元器件以及线路的功能、状态和特征的，如"ACC"表示加速，"BRK"表示制动等。辅助文字符号也可以放在表示种类的单字母符号后边组成双字母符号，如"SP"表示压力传感器。若辅助文字符号由两个以上字母组成，为简化文字符号，只采用第一位字母进行组合，如"MS"表示同步电动机。辅助文字符号还可以单独使用，如"OFF"表示断开，"DC"表示直流等。辅助文字符号一般不能超过三位字母。

（3）文字符号的组合

文字符号的组合形式一般为基本符号＋辅助符号＋数字序号。例如，第一台电动机的文字符号为"M1"；第一个接触器的文字符号为"KM1"。

（4）特殊用途文字符号

在电气工程图中，一些特殊用途的接线端子、导线等通常采用一些专用的文字符号。例如，三相交流系统电源分别用"L1、L2、L3"表示；三相交流系统的设备分别用"U、V、W"表示。

3. 项目代号

项目代号是用以识别图、图表、表格和设备上的项目种类，并提供项目的层次关系、实际位置等信息的一种特定的代码。每个表示元件或其组成部分的符号都必须标注其项目代号。在不同的图、图表、表格、说明书中的项目和设备中的该项目均可通过项目代号相互联系。

（1）项目代号的组成

项目代号由高层代号、位置代号、种类代号、端子代号根据不同场合的需要组合而成，它们分别用不同的前缀符号来识别。前缀符号后面跟字符代码，字符代码可由字母、数字或字母加数字构成，其意义没有统一的规定（种类代号的字符代码除外），通常可以在设计文件中找到说明。大写字母和小写字母具有相同的意义（端子标记例外），但优先采用大写字母。一个完整的项目代号包括 4 个代号段，其名称及前缀符号见表 1-4。

表 1-4　　　　　　　　完整项目代号的组成

代号段	名　称	定　义	前缀符号	示　例
第 1 段	高层代号	系统或设备中任何较高层次（对给予代号的项目而言）项目的代号	＝	＝S2
第 2 段	位置代号	项目在组件、设备、系统或建筑物中的实际位置的代号	＋	＋C15
第 3 段	种类代号	用于识别项目种类的代号	－	－G6
第 4 段	端子代号	用于与外电路进行电气连接的导电件的代号	：	：11

①高层代号的构成

一个完整的系统或成套设备中任何较高层次项目的代号,称为高层代号。例如,S1 系统中的开关 Q2,可表示为"＝S1－Q2",其中"S1"为高层代号;X 系统中的第 2 个子系统中第 3 个电动机,可表示为"＝2－M3",简化为"＝X1－M2"。

②位置代号

项目在组件、设备、系统或建筑物中的实际位置的代号,称为位置代号。通常位置代号由自行规定的拉丁字母或数字组成。在使用位置代号时,应给出表示该项目位置的示意图。

③种类代号

用于识别项目种类的代码,称为种类代号。通常,在绘制电路图或逻辑图等电气工程图时就要确定项目的种类代号。种类代号通常有以下三种不同的表达方式:

● 由字母代码和图中每个项目规定的数字组成。按这种方法选用的种类代码还可补充一个后缀,即代表特征动作或作用的字母代码,称为功能代号。可在图上或其他文件中说明该字母代码及其表示的含义。例如,"－K2M"表示具有功能为 M、序号为 2 的继电器。一般情况下,不必增加功能代号。如需增加,为了避免混淆,位于复合项目种类代号中间的前缀符号不可省略。

● 给每个项目规定一个统一的数字序号。这种表达形式不分项目的类别,所有项目按顺序统一编号,例如可以按电路中的信息流向编号。这种方法简单,但不易识别项目的种类,因此必须将数字序号与其代表的项目种类列成表,置于图中或图后,以利于识读。其具体形式:位置代号前缀符号＋数字序号。例如,"－3"代表 3 号项目,在技术说明中必须说明"3"代表的种类。

● 按不同种类的项目分组编号。数码代号的意义可自行确定,如"－1"表示电动机,"－2"表示继电器等。当某个单元中使用的项目大类较多时,数字"0"也可以表示一个大类。数字代码后紧接数字序号。当某个单元内同类项目数量超过 9 个时,数字序号可以为两位数,但是全图的注法应该一致,以免误解。例如,电动机为－11、－12、－13;继电器为－21、－22、－23。

④端子代号

端子代号是完整的项目代号的一部分。当项目具有接线端子标记时,端子代号必须与项目上端子的标记一致。端子代号通常采用数字或大写字母,特殊情况下也可用小写字母表示。例如,"－Q3:B"表示隔离开关 Q3 的 B 端子。

(2)项目代号的组合

项目代号由代号段组成。一个项目可以由一个代号段组成,也可以由几个代号段组成。通常项目代号可由高层代号和种类代号进行组合，如"＝2－G3"；也可由位置代号和种类代号进行组合，如"＋5－G2"；还可先将高层代号和种类代号组合，用以识别项目，再加上位置代号，提供项目的实际安装位置，如"＝P1－Q2＋C5S6M10"，表示 P1 系统中的开关 Q2，位置在 C5 室 S6 列控制柜 M10 中。

4. 回路标号

电路图中用来表示各回路种类、特征的文字和数字标号称为回路标号，标号目的是便于接线和查线。回路标号的一般原则如下：

(1)回路标号按照"等电位"原则进行标注，即电路中连接在一点上的所有导线具有同一电位而标注相同的回路标号。

(2)由电气设备的线圈、绕组、电阻、电容、各类开关、触点等电气元件分隔开的线段，应视为不同的线段，标注不同的回路标号。

(3)在一般情况下，回路标号由三位或三位以下的数字组成。以个位代表相别，如三相交流电路的相别分别用 1、2、3 表示；以个位奇、偶数区别回路的极性，如直流回路的正极侧用奇数表示，负极侧用偶数表示。以标号中的十位数字的顺序区分电路中的不同线段；以标号中的百位数字来区分不同供电电源的电路，如直流电路中 A 电源的正、负极电路标号用"101"和"102"表示，B 电源的正、负极电路标号用"201"和"202"表示。若电路中共用同一个电源，则可以省略百位数。当要表明电路中的相别或某些主要特征时，可在数字标号的前面或后面增注文字符号，文字符号为大写字母，并与数字标号并列。在机床电气控制电路图中，回路标号实际上是导线的线号。

在这个项目中，我们了解了电气工程制图的概念、分类和特点，并参照国家和行业相关标准，掌握了电气工程制图的一般规则。这些知识是后续绘制电气工程图的基础，一定要牢牢记住哦！

项目二　了解电气CAD

项目目标

- 了解电气 CAD 的优点。
- 熟知常用电气 CAD 工作软件。
- 能够根据不同的工作任务选用不同的制图软件,提高应用能力。

技能重点

- 电气 CAD 的概念和优点。
- 常用电气 CAD 软件的特点和应用。

任务一　认识电气 CAD

　　CAD 是计算机辅助设计"computer aided design"的英文缩写。电气 CAD 技术是 CAD 技术应用的一个分支,它将计算机辅助设计和电气设计密切融合,可对电气、电子产品或电气系统工程的图样或技术文件进行设计、修改、显示和输出等。

　　电气 CAD 的优点如下:

　　(1)提高设计效率,缩短设计周期。

　　(2)提高设计质量。

　　(3)易于修改。

　　(4)存储方便。

　　(5)便于分工协作。

　　(6)使得各部门间信息交流迅速、可靠。

任务二　了解常用的电气 CAD 软件

你听说过哪些电气CAD软件？

电气工程图渗透在人们生活中的每一个角落,从家中的小家电到大型工程项目图,人们都能接触到各种各样的电气工程图。随着科技水平的进步,人们逐渐依靠强大的计算机来实现生产、开发的高效化,通过使用专业软件加快产品的设计、改进周期,从而提高效益,电气 CAD 即在这样的趋势下产生。随着计算机技术的发展,电气 CAD 已经广泛应用于各类工程的专业设计和研究中,可谓电气工程技术人员之间交流思想的"共同语言"。

目前常用的电气 CAD 软件有 AutoCAD Electrical、ePLAN、Solid-Works Electical、CADe_SIMU、PC|SCHEMATIC、SEE Electrical 等。

1. AutoCAD Electrical

AutoCAD 是美国 Autodesk 公司 1982 年推出的计算机辅助制图和设计软件,是目前计算机辅助设计领域最流行的 CAD 软件。AutoCAD 功能强大,使用方便,在国内外广泛应用于机械、建筑、家居、纺织等诸多行业。二十年来,AutoCAD 版本不断更新,功能日益增强,日趋完善,从简易二维制图发展成目前集三维设计、真实显示及通用数据库于一体的软件。

AutoCAD Electrical 是 AutoCAD 针对电气设计开发的软件,专门用于创建和修改电气控制系统图档,除包含 AutoCAD 的全部功能外,还增加了一系列用于自动完成电气控制工程设计任务的工具,如创建电气原理图、导线编号、生成物料清单等。AutoCAD Electrical 提供含有超过 650 000 个电气符号和元件的数据库,具有实时错误检查功能,可以帮助电气控制工程师节省大量时间。

2. ePLAN

ePLAN 是德国 ePLAN 公司于 1984 年推出的电气制图软件。ePLAN 支持 IEC 国际电气符号标准、DIN 电气符号标准等多种电气标准,在每种标准下面都有对应的电气符号库,方便调用。在连接电气元件时,ePLAN 可以自动进行连线并自动编写线号,也易于修改。ePLAN 专业性较强,在集成化和系统化方便表现也很突出。

3. SolidWorks Electrical

SolidWorks Electical 是法国达索系统公司开发的电气设计软件。它是专针对电气和自动化系统设计的软件,功能强大,简单易用。SolidWorks Electical 包括 SolidWorks Electrical 2D 和 SolidWorks Electrical 3D 两个模块,可以帮助用户将 2D 电气设计数据与 3D 机械设计数据直接集成,实现机械与电气设计的同步更新。项目数据采用 SQL Server

数据库形式存储,通过协同程序,数据实现实时更新,支持多个用户同时设计一个项目。

4. CADe_SIMU

CADe_SIMU 是一款经典实用的电气制图仿真软件。CADe_SIMU 有丰富的工具栏,可以显示电源保险丝、隔离开关、接触器开关、电动机电气部件、显示触点开关按钮、电子元件和接触器线边缘等工具。CADe_SIMU 提供各种常用的电路元件符号,用户可以直接调用,帮助用户轻松绘制电路图,并可以模拟操作,支持单步模拟,可以连接到 E/S(PLC)。

5. PC|SCHEMATIC

PC|SCHEMATIC 是丹麦 DPS 公司 1988 年开发的基于 Windows 环境的电气设计软件,适用于电力、冶金、石化、工程机械、自动化生产线等各种工业控制及电气系统的设计。PC|SCHEMATIC 是一个面向项目的软件,包含电气原理图、安装布置、目录表、元器件清单、接线端子清单、可编程逻辑单元清单、元件配线图等。它能快速而轻松地画出电气原理图、机械布置图及元件配线图等,并自动生成各类材料清单报表。

6. SEE Electrical

SEE Electrical 是法国 IGE+XAO 公司开发的电气设计软件,具有近似 AutoCAD 的软件界面和操作方式,内置多种实用设计工具和功能模块。SEE Electrical 是一款易学易用的专业级电气工程设计软件,所有功能和命令是专为电气工程而设计的,凭借面向图形和面向对象两种设计方式之间的灵活切换帮助设计人员大幅提升设计效率,强大的功能利于用户实现快速电气原理图设计、多种报表自动生成、工程项目管理等。SEE Electrical 可以自动生成设计资料,并可直接用于生产、装配、采购和维修。SEE Electrical 可以与电气自动化、电气装置、过程控制、工业机器人、机电一体化、电工实训等硬件设备配套使用。

7. 其他软件

CCES、浩辰 CAD、天正 CAD、中望 CAD 均是以 AutoCAD 为基础平台开发的电气 CAD 软件,相当于附加在 AutoCAD 上的一个插件,它们的功能大同小异。相对来说,浩辰 CAD 的功能更全面;天正 CAD 的电气绘图功能更方便一点,可便捷地绘制动力、照明、弱电、消防、变电室布置和防雷接地采面图等。

任务三　了解电气 CAD 的应用

CAD 与传统的手工绘图相比具有明显的优势,CAD 计算精准,操作方便,出图快速,而且方便储存和修改。电气技术具有复杂性和特殊

性,利用 CAD 绘制电气工程图,为电气工程制图带来了便利,因此得到了广泛的应用。电气 CAD 有以下方面的应用:

(1)电气工程图设计,如变电工程图、电气主接线图、配电所断面图、高压开关柜外观图的绘制等。

(2)输电工程图设计,如架空线路图、电缆线路工程图的绘制等。

(3)电子线路图的设计,如数字电路、模拟电路、电力电子电路的绘制等。

(4)工厂电气控制图的设计,如工厂低压系统图、电动机控制图、车间接地线路图、智能系统配线图的绘制等。

(5)通信工程图的设计,如移动通信系统图、数字交换机系统结构图、无线寻呼系统图的绘制等。

(6)机械及汽车电气设计,如零件图、装配图、电气原理图、发动机点火装置电路图的绘制等。

(7)建筑电气平面图设计,如办公楼配电平面图、屋顶防雷接地平面图的绘制等。

在这个项目中,我们了解了电气 CAD 的发展、特点和应用,认识了多种常用电气 CAD 软件。你觉得与其他电气 CAD 软件比较,SEE Electrical 的优势是什么?

项目三　认识 SEE Electrical

项目目标

- 熟悉 SEE Electrical 的功能。
- 能正确安装和注册 SEE Electrical。
- 对 SEE Electrical 的特点和应用场合有较深入的认识。
- 能解决 SEE Electrical 安装中出现的常见问题。

技能重点

- SEE Electrical 的发展历史。
- SEE Electrical 的特点。
- SEE Electrical 的安装与注册方式。

任务一　了解 SEE Electrical 的发展历史

　　SEE Electrical 的前身为 CADdy，是丹麦 CADdy Denmark A/S 公司开发的 CAD 软件。该公司于 2000 年被 IGE＋XAO 集团收购，CADdy 随之更名为 SEE Electrical，与 IGE＋XAO 集团旗下 SEE 系列软件如 SEE Building、SEE 3D Panel、SEE Project Manager 等的名称风格保持一致。

IGE+XAO 集团于 1986 年成立,总部位于法国。三十多年来,IGE+XAO 集团一直从事 CAD 软件的设计、生产、销售和维护。目前,IGE+XAO 集团已开发了系列电气 CAD 软件,可应用于航空航天、交通、机械、自动化、能源和建筑等工业领域。

在并入 IGE+XAO 集团后,SEE Electrical 通过整合更新,软件版本从 V4 开始正式发布,一直更新至现在的 V8 版本。其中,在 V5 版本中更新至 Unicode 版本,并提供中文版,进入中国市场;在 V6 版本中将下拉菜单式界面更新至全新的 Ribbon 技术(微软办公软件同类型技术)界面,使得操作界面更清晰、美观、便捷;在 V7 版本中优化数据库,使得数据库的创建和维护更快捷;在 V8 版本中集成 SEE 3D Panel 软件,提供全新的机电一体化解决方案。SEE Electrical 的功能基于实际用户的需求,不断升级完善,保持软件的时效性。

任务二　了解 SEE Electrical 的特点

SEE Electrical 主要具有以下特点:

1. 简单易学

SEE Electrical 操作简单、方便,没有复杂的设置,初学者可以快速地掌握软件的各项功能,并进行项目的设计。SEE Electrical 采用 Ribbon界面,提升了用户体验感。如图 3-1 所示为菜单栏和工具栏。

图 3-1　菜单栏和工具栏

2. 电气原理图设计时间短

(1)图纸绘制时间短

SEE Electrical 带有快捷的电位线和电线绘制工具,可以快速绘制电位线、三相线、正交线等。符号可以自动连线,电线可以跟随符号延伸或者缩短,符号可以根据电线方向自动旋转,快速复制多个对象。如图 3-2 所示,SEE Electrical 可自定义面板和快捷键,这些快捷工具可以缩短图纸的绘制时间。

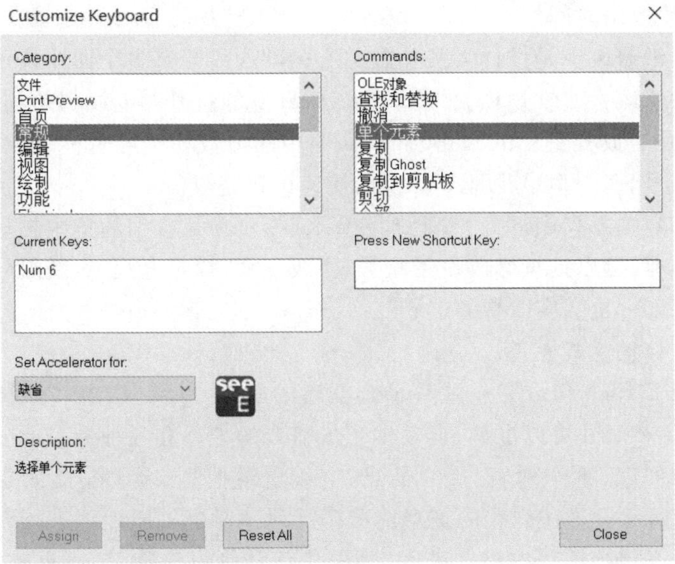

图 3-2　自定义面板

（2）电线自动编号

SEE Electrical 带有电线自动编号功能，如图 3-3 所示，可以一步为所有电线编号。也可以将电线分成多种类型，每种类型的电线设置不同的编号方式。

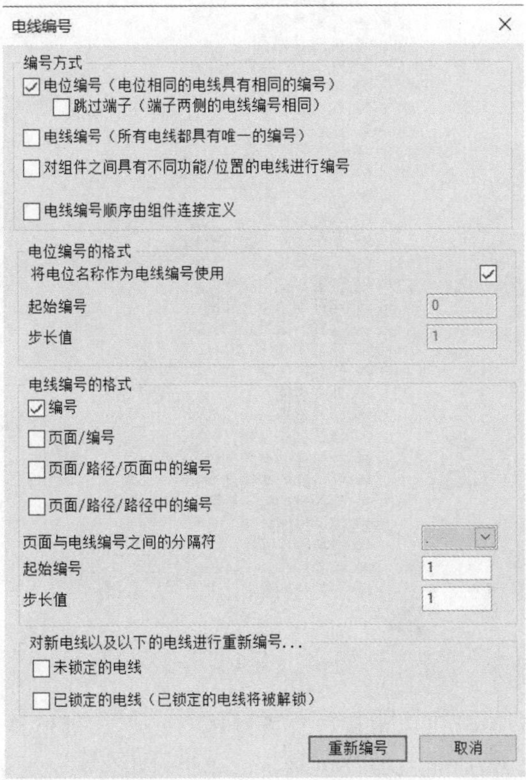

图 3-3　电线自动编号

（3）改图时间短

图纸修改也是设计人员比较关心的问题。当有多个回路块重复时，参数的修改常非常烦琐。SEE Electrical 中的符号和电线都是具有电气属性的，当放置重复的回路块时，回路中的参数如符号名称、电缆编号、端子编号、PLC I/O 地址等都可以快速设置完成。

在数据库列表部分，SEE Electrical 提供项目数据的集中批量处理、修改功能，可以批量修改设备型号、更改图框、锁定电线、重新编号等，图纸关联部分也会实时更新。

3. 自动生成表单

SEE Electrical 是一款基于数据库的软件。绘制出电气原理图后，SEE Electrical 可以准确、自动地生成需要的表单和各种带图形的列表，如产品列表、零件列表、接线信息、电线电缆信息、端子连接信息等，如图 3-4 所示。这些列表的信息能准确无误地对电气原理图进行统计，有助于提高整个项目的整体进度，具象化信息使得安装、接线更容易被理解，从而接线更准确。所生成的各种表单的模板都可以根据用户的要求、使用习惯等进行客制化定义，很好地体现用户的项目设计规范性。

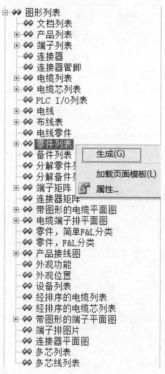

图 3-4   图形列表

4. 机柜图设计时间短

SEE Electrical 可以根据电气原理图自动生成机柜符号列表，设备尺寸由设备库自动生成，设计人员只需要将机柜符号放置到合适的位置即可形成机柜图。同时还可以避免机柜符号重复放置、漏放的现象,缩短机柜图设计时间。

5.图纸检查时间短

SEE Electrical 自带图纸检查功能,如图 3-5 所示,包括重名检查、触点溢出检查、PLC 连接检查等。

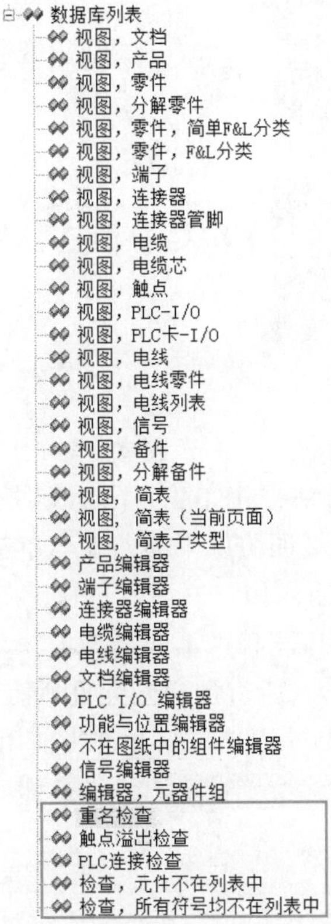

图 3-5　图纸检查

此外,所有的报表及接线图由软件自动生成,可以避免报表、接线图信息与电气原理图信息不符的问题。

任务三　SEE Electrical 的安装与注册

1.安装准备

安装 SEE Electrical,需要安装光盘或者下载安装文件。

计算机推荐配置:

(1)客户端系统:Windows 7 系统或 Windows10 系统。

(2)内存:RAM 2 GB。

(3)硬盘：3 GB 空闲。

2. 安装过程

(1)双击运行安装程序，弹出"安装向导"对话框，如图 3-6 所示。

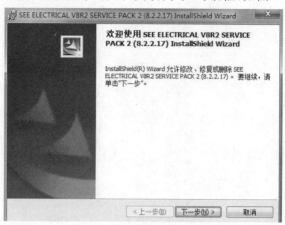

图 3-6   安装向导

(2)在图 3-6 所示对话框中单击"下一步"按钮，仔细阅读用户权限协议，选择"我接受该许可证协议中的条款"，单击"下一步"按钮。

(3)如图 3-7 所示，输入用户姓名和单位。

"此应用程序的使用者"有以下两个选项：

● 使用本机的任何人（所有用户）：允许所有用户访问软件。

● 仅限本人（Windows 用户）：只允许当前用户访问。

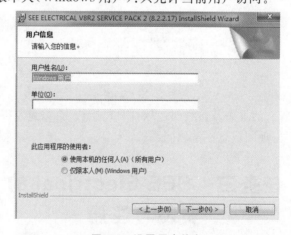

图 3-7   设置用户信息

选择合适的使用者，单击"下一步"按钮。

(4)如图 3-8 所示，"安装类型"有以下两个选项：

● 完整安装：默认安装最完整的配置。

● 自定义：用户可以自定义配置，并可以更改安装目录。

选择其中一个选项开始安装。

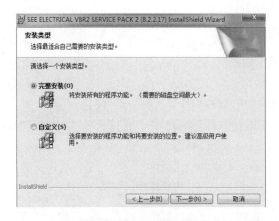

图 3-8 选择安装类型

(5)安装完成后,桌面上即出现 SEE Electrical 的启动快捷方式,如图 3-9 所示。

图 3-9 SEE Electrical 的启动快捷方式

3. 授权激活与释放

激活授权后,SEE Electrical 才可正常使用。

(1)启动 SEE Electrical,如图 3-10 所示,在菜单栏中单击 ⓘ(注册)按钮,进入注册向导,如图 3-11 所示。

图 3-10 单击注册按钮

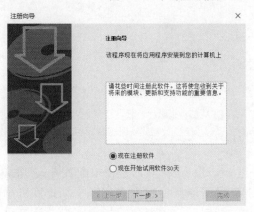

图 3-11 注册向导

"注册向导"有以下两个选项：

● "现在注册软件"：购买官方许可证后，选择此项进行注册。

● "现在开始试用软件 30 天"：每台计算机安装完成后可试用 30 天。

选择"现在注册软件"，单击"下一步"按钮。

（2）填入所需信息后，选择"我的软件是使用软件密钥保护的或这是试用版"，如图 3-12 所示，单击"下一步"按钮。

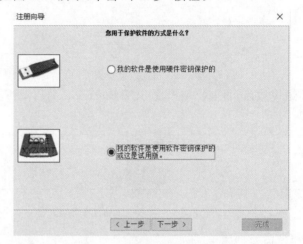

图 3-12　用软件密钥方式注册

（3）如图 3-13 所示，"选择软件注册类型"有以下两个选项：

● 从网络注册。

● 从 Local server 注册。

图 3-13　选择软件注册类型

教育版采用 Local server 软加密授权配置方式；服务器计算机安装 license 管理工具，采用浮点授权方式。客户端计算机可以从服务器借 license 一定天数，到期后自动归还。如果客户端计算机未输入借出天数，关闭软件，license 就自动归还到服务器（模块浮动）。综上，选择

"从 Local server 注册",单击"下一步"按钮。

（4）如图 3-14 所示,在序列号中输入相应序列号,单击"在 Local server 上注册"按钮。

图 3-14 在 Local server 上注册

（5）如图 3-15 所示,填入服务器 IP 地址,完成软件注册,软件即可正常使用。如果不使用软件,可单击"释放许可证"按钮。

图 3-15 从本地服务器注册

卸载软件前,需要先释放授权。这是因为软件卸载时注册信息被删除,若不释放授权,授权会丢失,导致软件无法正常使用。

在这个项目中,我们了解了 SEE Electrical 的发展历史、特点及安装与注册方式。请你自己完成 SEE Electrical 的安装,为接下来进行电气项目设计做好准备。

项目四　项目基础设置

项目目标

从这个项目开始,我们围绕"工厂空调控制系统"项目,逐步展开 SEE Electrical 电气设计的学习。

- 会正确使用系统设置中的常用指令。
- 能对新建项目相关参数有较深入的理解,能根据实际需求正确完成项目创建及电路图图纸创建。
- 能够熟练进行基础操作。
- 培养良好的文件管理习惯,提升逻辑思维能力。

技能重点

- 软件的系统设置。
- 项目新建及项目设置。
- 界面布局及绘图基本设置。

任务一　系统设置

　　下面介绍 SEE Electrical 系统设置中常用到的功能,如项目备份、更改数据存放路径、设置界面颜色及风格、注册授权等。

　　双击启动快捷方式打开 SEE Electrical,如图 4-1 所示,在菜单栏中单击"文件"→"系统设置",弹出如图 4-2 所示对话框。

　　(1)如图 4-2 所示,在"常规"选项卡中可进行如下设置:

　　①备份/保存:建议选择"自动备份页面"并设置"自动备份间隔",可在软件使用过程中随时备份,以防数据丢失。

　　②文档-可打开的最大文档视图数:可设置最多可打开的文档视图数目,根据需要设定。

图 4-1 打开系统设置

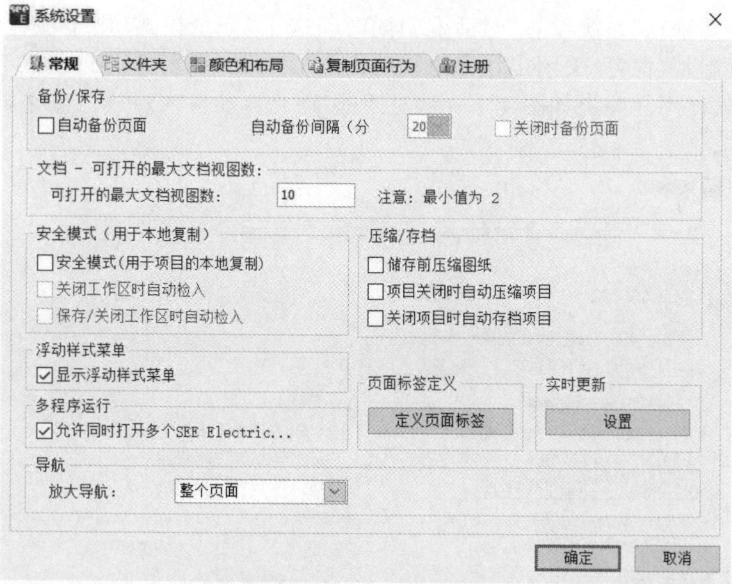

图 4-2 "系统设置"对话框

③压缩/存档:存档时可将不必要的符号等进行压缩,减少项目存储空间。

④浮动样式菜单:若选择"显示浮动样式菜单",则在设计窗口可显示浮动样式菜单,方便操作。

⑤安全模式:可规定是否检入、释放服务器上的工作区。如果工作

区存储在服务器上,此设置可以提高安全性。

如果仅勾选"安全模式(用于项目的本地复制)",则在每次关闭工作区时,软件都会弹出如图 4-3 所示对话框。

工作区操作

工作区信息

工作区   C:\Users\dutp\Desktop\Example\test.sep

选择操作

检入 保留检出	检入 释放	保存检出	撤销检出

图 4-3   "工作区操作"对话框

"选择操作"有以下四个选项:

● 检入保留检出:将当前的工作区复制到服务器,并保存工作区副本,其他用户无法对其进行操作。

● 检入释放:将当前的工作区复制到服务器,并删除工作区副本,且释放工作区,其他用户可以对此工作区进行再次操作。

● 保存检出:不会保存到服务器,但主工作区仍然锁定,其他用户无法进行操作。

● 撤销检出:所做的更改均不保存。

如果在"系统设置"对话框中同时勾选了"安全模式(用于项目的本地复制)""保存/关闭工作区时自动检入",如图 4-4 所示,则关闭工作区时,软件不会弹出如图 4-3 所示对话框,而是自动检入释放工作区,简化操作。

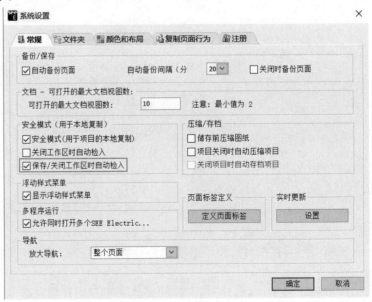

图 4-4   选择"保存/关闭工作区时自动检入"

(2)如图 4-5 所示,在"文件夹"选项卡中可更改工作区、模板和符号的存放路径。建议采用默认路径。

图 4-5 文件夹路径设置

(3)如图 4-6 所示,在"颜色和布局"选项卡中可自行设置显示颜色。

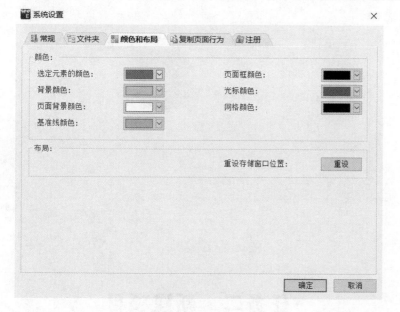

图 4-6 颜色和布局设置

(4)如图 4-7 所示,在"复制页面行为"选项卡中可设置在复制页面时对组件名称、编号和电线编号的操作。

(5)如图 4-8 所示,在"注册"选项卡中可显示本软件注册信息,以及对本软件进行注册或延长试用操作。

"背景颜色"和"网格颜色"尽量选择反差较大的两种颜色,以便识别。

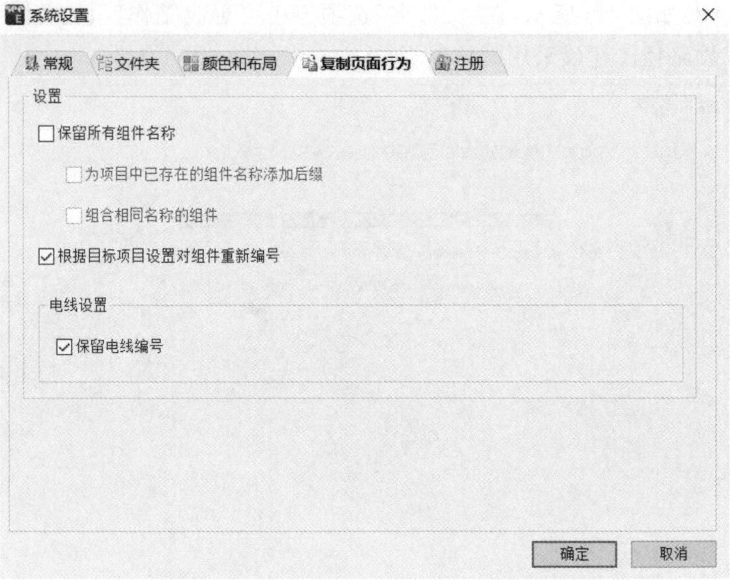

图 4-7　复制页面行为设置

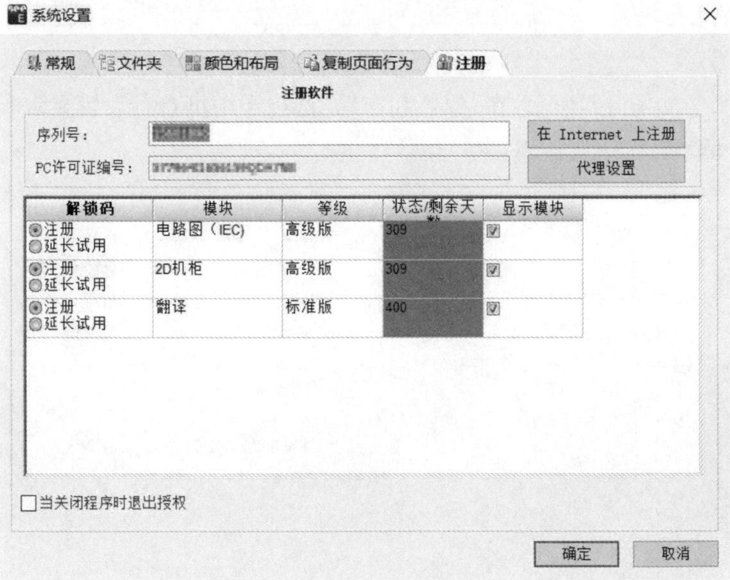

图 4-8　注册授权设置

任务二　新建项目

在完成系统设置后,新建"工厂空调控制系统"项目,下面进行详细说明。

在菜单栏中单击"文件"→"新建",如图 4-9 所示,或直接使用键盘快捷键组合"Ctrl＋N"，便会新建一个工作区。

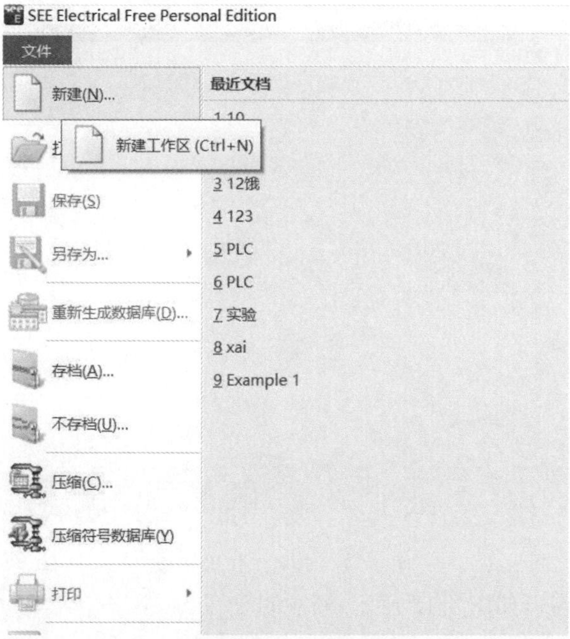

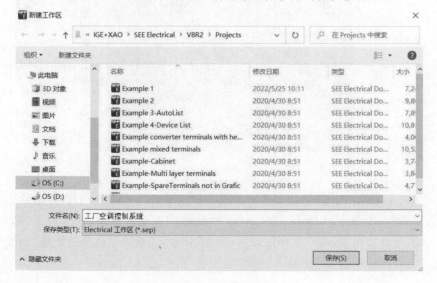

图 4-9　新建工作区

　　单击"新建"按钮，打开"新建工作区"对话框，如图 4-10 所示，在"文件名"处输入"工厂空调控制系统"项目名称，单击"保存"按钮。弹出"选择工作区模板"对话框，如图 4-11 所示，项目模板中可定义项目的图框模板、命名方式、编号方式等设计规范。用户可定制符合自身要求的项目模板。首次建立选择"Standard"标准模式，单击"确定"按钮。

图 4-10　保存新建项目

图 4-11　选择工作区模板

至此,窗口如图 4-12 所示,新项目建成。

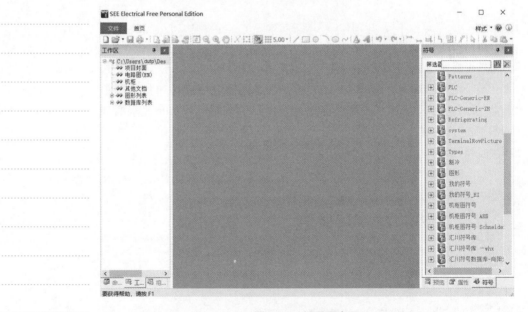

图 4-12　新项目窗口

在菜单栏中单击"首页"→"属性"或"工作区"→"属性",打开"属性"对话框,如图 4-13 所示。在"属性"对话框中可输入客户名称、地址、邮编、电话等信息。在"工作区说明行 01"中输入"工厂空调控制系统",在"工作区说明行 02"中输入"实训"。

名称	值
属性 - 0001	
功能 (=)	
位置 (+)	
页面	1
索引	
页面创建日期	2022/6/11
页面修订日期	
页面修订	
页面创建者	
页面说明行 01	工厂空调控制系统
页面说明行 02	实训
页面说明行 03	
页面说明行 04	
页面说明行 05	
页面说明行 06	
修订日期1	
修订日期2	
修订日期3	
修订日期4	
修订日期5	
修订日期6	
修订日期7	
修订日期8	
修订日期9	

预览　属性　符号

图 4-13　属性设置

任务三　项目设置

新建"工厂空调控制系统"项目后,通过"项目属性"对话框进行项目设置,下面进行详细说明。

在左侧或右侧面板"工作区"选项卡中单击文件名称,然后单击鼠标右键,如图 4-14 所示,在弹出的菜单中单击"属性",打开如图 4-15 所示"工作区属性"对话框。

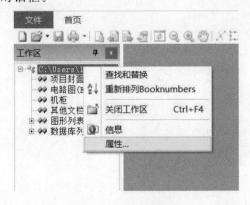

图 4-14　打开项目属性

(1)如图 4-15 所示,在"常规"选项卡中可进行如下设置:

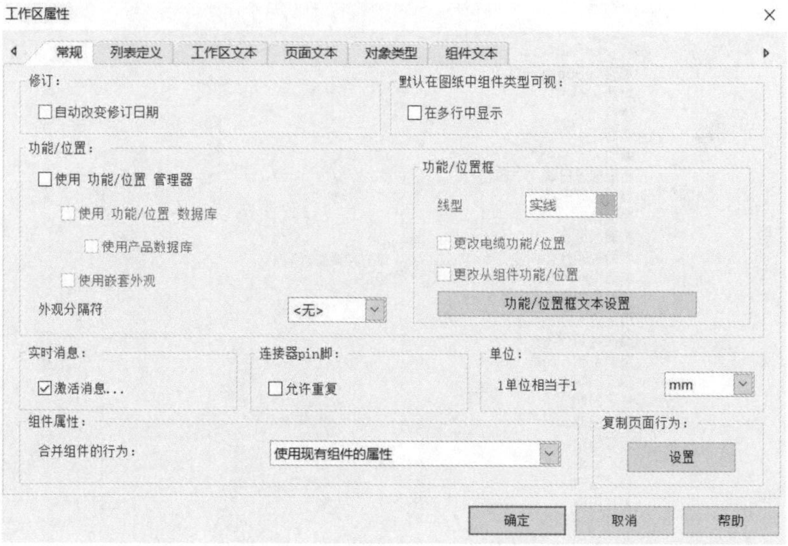

图 4-15　"工作区属性"对话框

①修订：若选择"自动改变修订日期"，则当项目中有改变时，系统会自动更新对应的修订日期。

②默认在图纸中组件类型可视：若选择"在多行中显示"，则组件类型多行显示；否则，单行显示。

③功能/位置：若选择"使用功能/位置管理器"，则允许定义和管理当前工作区功能、位置，并可使用管理器，如图 4-16 所示。

图 4-16　"功能/位置/产品管理器"对话框

④功能/位置框：设置功能/位置框属性，如功能/位置框线型选择及文本设置，选择是否更改线缆及从组件的功能/位置。

⑤实时消息：设置是否激活实时消息。

⑥连接器 pin 脚：若选择"允许重复"，则允许 pin 脚重复。

⑦单位：设置图纸的单位是毫米还是英寸。

⑧组件属性：如图 4-17 所示，可设置合并组件的行为。

图 4-17　组件属性设置

⑨复制页面行为：单击"设置"按钮，弹出如图 4-18 所示对话框，可根据需要设置复制页面时对组件名称、编号和电线编号的操作。

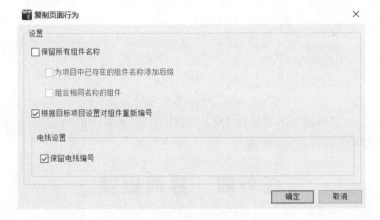

图 4-18　"复制页面行为"对话框

（2）如图 4-19 所示，在"列表定义"选项卡中，可选择对应列表显示与否，另可自定义列表序号来配置项目树的放置顺序。ListOrder 值越小，则排列越靠前。

列表 id	描述	查询	显示	ListOrder
1000	电路图(EN)		☑	1000
1001	Circuit diagrams (IEEE)	1001	☐	1001
1010	设施		☑	1010
1100	机柜		☑	1100
1300	项目封面		☑	900
1500	单线图		☑	1500
2000	其他文档		☑	2000
5011	3D 机柜		☑	2001
3000	图形列表		☑	3000
3001	文档列表	Export_3001	☑	3001
3011	产品列表	Export_3011	☑	3011
3016	每个空间的清单，简表	Export_3016	☑	3016
3017	每个空间的清单	Export_3017	☑	3017
3020	端子列表	Export_3020	☑	3020
3025	连接器	Export_3025	☑	3025
3026	连接器管脚	Export_3026	☑	3026
3030	电缆列表	Export_3030	☑	3030
3031	电缆芯列表	Export_3031	☑	3031
3050	PLC I/O列表	Export_3050	☑	3050
3060	电线	Export_3064	☑	3060

图 4-19　"列表定义"选项卡

（3）如图 4-20 所示，在"对象类型"选项卡中，可以查看对象的类型。

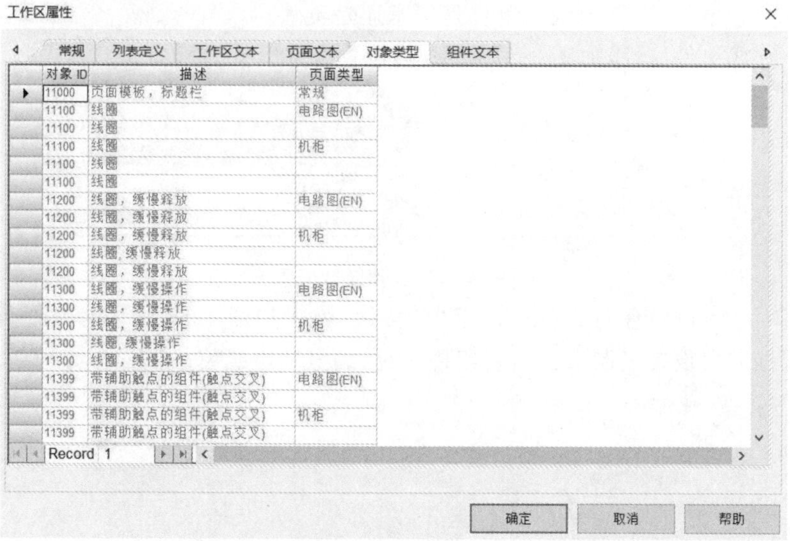

图 4-20   "对象类型"选项卡

（4）"工作区文本""页面文本""组件文本"选项卡的功能与"列表定义"选项卡类似，不再赘述。

任务四   界面概览

软件界面主要分为菜单区、左侧面板、绘图区、右侧面板四个区域，如图 4-21 所示。

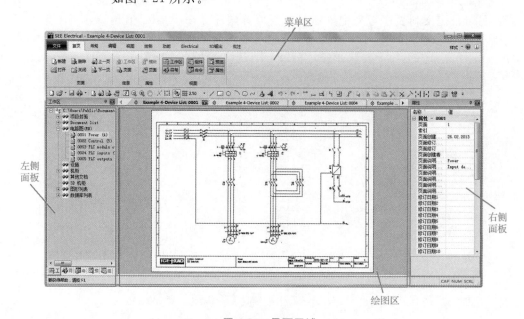

图 4-21   界面区域

（1）菜单区：菜单区包含用于项目设计的所有功能指令。为方便用户操作，SEE Electrical 采用流动性菜单栏，打开不同类型的图纸，会显示不同的菜单。

（2）绘图区：绘图区显示项目中图纸的图形信息。绘图区中可以打开多页图纸。

（3）左侧、右侧面板：如图 4-22 所示，左侧、右侧面板包含 6 个选项卡（工作区、组件、命令、属性、符号、预览）。可在菜单栏的"首页"→"视图"中设置各个选项卡的显示与隐藏。可通过拖放将各个选项卡放置到需要的位置，在新的位置使用方向箭头来调整选项卡的位置。

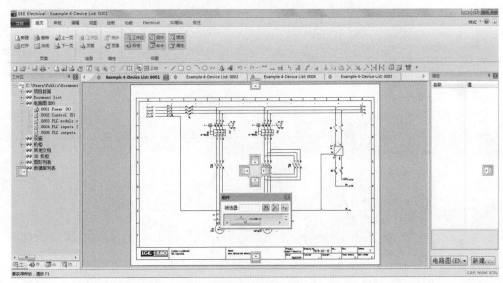

图 4-22 左侧、右侧面板放置

任务五 图纸设置

1. 新建电路图图纸

项目建立和设置完成后，在项目中建立电路图，以绘制图纸。如图 4-23 所示，在左侧或右侧面板"工作区"选项卡中选择"电路图"，然后单击鼠标右键，在弹出的菜单中单击"新建"，弹出如图 4-24 所示"页面信息"对话框。

在"页面信息"对话框中可输入功能、位置、页面、页面创建日期、页面创建者等信息。针对"工厂空调控制系统"项目，在"页面说明行 01"中输入"进线回路"，单击"确定"按钮，完成图纸新建，如图 4-25 所示。

"页面信息"对话框中的信息会实时显示在图纸的图框中。如

图 4-23　新建电路图图纸

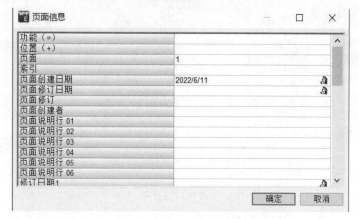

图 4-24　"页面信息"对话框

图 4-26 所示,图框中显示项目名称"工厂空调控制系统"、电路图页面名称"进线回路"等。

2. 网格设置

图纸中网格尺寸决定了绘图精确度。可单击工具栏中 5.00 的下拉按钮,弹出可用网格尺寸列表,如图 4-27 所示,选择合适的网格尺寸。默认为"5.00"。

3. 页面属性设置

在图纸中单击鼠标右键,在弹出的菜单中选择"页面属性",如图 4-28 所示,右侧面板会显示"属性"对话框,如图 4-29 所示。

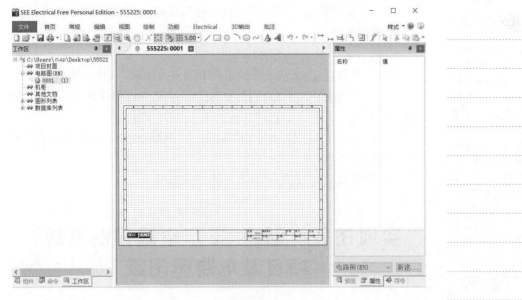

图 4-25　新建图纸

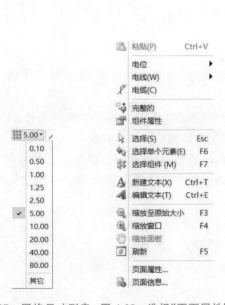

图 4-26　页面信息图框中显示

图 4-27　网格尺寸列表　图 4-28　选择"页面属性"　图 4-29　页面属性设置

（1）"页面的 X-扩展"：图纸横向尺寸。

（2）"页面的 Y-扩展"：图纸纵向尺寸。

修改以上两个参数可调整图纸的大小。

在这个项目中，我们学习了SEE Electrical 的一些基本操作，包括系统设置、新建项目、项目设置、界面和图纸设置等。掌握 SEE Electrical 的结构和基础操作，为展开电气项目设计奠定基础。

　　(3)"X 向网格尺寸""Y 向网格尺寸"：可修改网格尺寸大小。

　　4. 图纸缩放

　　图纸的缩放有以下多种方式：

　　(1)按住键盘中的"Ctrl"键，同时滑动鼠标滚轮，可自由缩放图纸。

　　(2)在图纸中单击鼠标右键，在弹出的菜单中选择缩放相关功能，如图 4-28 所示。

　　(3)按键盘中的"F4"键，光标变成"十"字形，按住鼠标左键，选择图纸中区域，可放大。

　　(4)按键盘中的"F3"键，图纸缩放至原始大小。

实训任务　新建"工厂空调控制系统"项目及电路图图纸

　　1. 实训内容

　　完成"工厂空调控制系统"项目创建及电路图图纸创建。

　　2. 实训目的

　　(1)新建项目。

　　(2)掌握项目属性设置方法。

　　(3)新建电路图图纸。

　　3. 实训步骤

　　(1)新建项目：打开 SEE Electrical，新建一个工作区。

　　(2)输入项目名称：打开"新建工作区"对话框，在文件名处输入"工厂空调控制系统"项目名称。

　　(3)设置项目属性：打开"属性"对话框，在"工作区说明行 01"中输入"工厂空调控制系统"，在"工作区说明行 02"中输入"实训"。

　　(4)新建电路图：打开"页面信息"对话框，针对"工厂空调控制系统"项目，在"页面说明行 01"中输入"进线回路"，单击"确定"按钮，完成图纸新建。

项目五 符号数据库的创建与管理

项目目标

- 掌握符号的绘制方法,能够创建新符号,并添加到符号数据库中。
- 掌握更改符号的方法,能对已有的符号或新建的符号进行修改。
- 掌握符号数据库的创建和管理方法,能够显示和隐藏符号数据库,从符号数据库中调用符号或删除符号,移动符号,以及新建符号数据库。
- 提升软件操作能力,培养团结协作的职业品质。
- 绘制符号过程中要遵循行业标准。

技能重点

- 符号的创建。
- 符号的修改。
- 符号数据库的基本操作与管理。

任务一 认识符号和符号数据库

电气原理图主要由电气符号和电气导线两部分组成,有时电气原理图中还会包括一些辅助部分,如标注文字、图示等。电气原理图中的电气符号(以下简称符号)代表实际的元器件,电气导线代表实际的物理导线。

SEE Electrical 自带了丰富的符号数据库,其中包括大部分知名厂商的元器件。符号数据库具有符号图形预览功能,符号按照功能进行分类,在符号数据库中输入符号的名称可以查找符号。

　　SEE Electrical 提供的符号数据库中几乎收录了电气设计中所有的常用元器件,但是在某些特定的场合中,还需要创建和修改符号数据库,主要原因有以下几点:

　　(1)符号数据库中找不到所需要的元器件符号。

　　(2)符号数据库中的符号与实际的元器件引脚编辑不一致。

　　(3)需要给符号数据库中的符号添加或修改模型。

　　(4)符号数据库中的符号大小不符合电气原理图美观性要求,需要对电气符号的大小进行调整。

　　电气原理图符号包括用以标识元器件功能的标识图和元件引脚。

　　1. 标识图

　　标识图仅仅起着提示元器件功能的作用,方便人们识别元件。实际上,没有标识图或者随便绘制标识图都不会影响电气原理图的正确性。但是,标识图对于电气原理图的可读性具有重要作用,直接影响到电气原理图的维护,关系到整个工作的质量。因此,应尽量绘制出能直观表达元件的标识图。

　　2. 引脚

　　引脚与外界的连接方式有两种,一种是连接点,一种是触点。连接点仅仅表示物理连接,而触点表示电气连接。因此符号绘制过程中,引脚的绘制和设定都要与实际的元器件引脚相对应。连接点或触点有独立的序号用以区分。

任务二　设置网格和线宽

　　下面几个任务将举例说明如何创建一个符号。以创建"工厂空调控制系统"中的线圈为例。

　　在创建符号前,先对图纸进行设置,以方便绘制图形。打开或新建一个电路图,在电路图图纸中创建符号。

　　在绘制新的符号时,可使用 5 mm、2.5 mm 或更小的网格。为了确保所创建的符号与所选的网格适应,连接必须在适当的网格点结束。在工具栏中选择"绘制"菜单,可以设置网格大小,如图 5-1 所示。

　　用于绘制连接的线宽必须与用于绘制电线的线宽相同。大多数符号使用 0.25 mm 的线宽绘制。如图 5-1 所示,线宽也可以在"绘制"菜单中进行选择。

绘制电路图时,建议设置 5 mm 的网格。

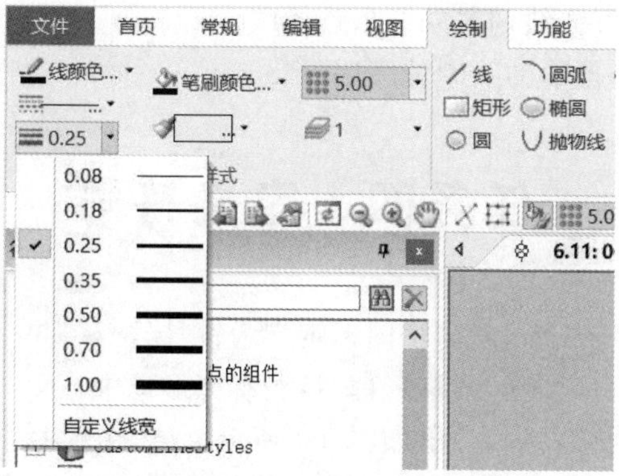

图 5-1　设置网格和线宽

任务三　绘制线圈图形

用户可使用常用绘图功能绘制图形,如绘制直线、矩形、圆等。如图 5-2 所示,可在"绘制"菜单下"元素"面板中进行选择。

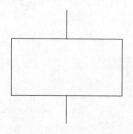

图 5-2　选择绘图元素

绘制如图 5-3 所示的线圈图形。

图 5-3　线圈图形

(1)在"绘制"菜单中选择"矩形",绘制宽 15 mm、高 5 mm 的矩形。绘制矩形时,该矩形的宽和高显示在绘图区域的下方。绘制时,先单击矩形的左上角点,再单击矩形的右下角点,最后单击鼠标右键结束绘制。

(2)修改网格大小,将 5 mm 修改成 2.5 mm。

(3)在"绘制"菜单中选择"线",在矩形的上方和下方各绘制一条连接线。线长为 2.5 mm。绘制时,线条的长度显示在绘图区域下方。绘制一条连接线时,先单击该线的起点,再单击第二个线点,最后单击鼠标右键完成绘制。

以同样的方法绘制另外一条连接线。

至此,线圈图形的绘制就完成了。

任务四　定义符号

图形绘制完成后,还需将图形定义为符号。

(1)按住鼠标左键,画矩形框,将所有图形选中。

(2)单击鼠标右键,弹出如图 5-4 所示菜单,在其中选择"块"。

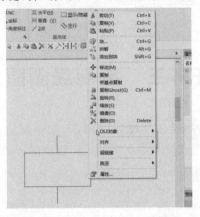

图 5-4　定义符号菜单

(3)弹出如图 5-5 所示"块/组件定义"对话框。为符号选择所需的属性"线圈",单击"确定"按钮。所选属性将决定符号所列于的数据库列表或图形列表的种类。若选择"组件",则符号没有触点。

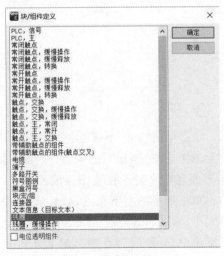

图 5-5　选择符号属性

(4)在弹出的"定义组件名称前缀"对话框中输入组件名称,如"A1",单击"确定"按钮,如图 5-6 所示。

图 5-6 定义组件名称

（5）现在,已完成具有名称、说明、类型和连接等文本信息的图形,如图 5-7 所示。图形和文本已组合为线圈符号。

图 5-7 完整的线圈符号

关于自动定位连接的提示:连接点自动定位于所有水平或垂直附着于符号外侧的线的末端(被一个虚构的矩形包围),如图 5-8 所示。连接点的标号顺序对应于创建线的先后顺序。

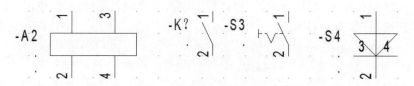

图 5-8 自动定位连接图示

图 5-7 中的数字 1 和 2 表示连接点。线圈的连接点可以与其他符号关联,而"组件"的连接点不能与其他符号关联。若想要与其他符号关联,在组成块时,主符号类型应选择"线圈"或"带辅助触点的组件"。

任务五 保存符号到数据库

如果新的符号不仅要在当前工作区中使用,而且还要在将来的项目中可用,则必须将其保存到符号数据库中。如果新的符号仅在当前工作区中使用或需要将其从当前页面复制到另一位置,则该符号可以不保存到符号数据库中。保存符号到数据库需要进行以下操作:

（1）激活符号浏览器。如果工作区可见,则单击符号选项卡以激活符号浏览器。

（2）选择"我的符号"数据库。可以将新建符号保存在此数据库中或自己创建的新数据库中。

（3）单击鼠标右键,如图 5-9 所示,在弹出的菜单中单击"新建文件夹"。

（4）在弹出的"符号文件夹属性"对话框中输入新的符号文件夹名称,单击"确定"按钮,如图 5-10 所示,"我的符号"符号库中即新建了"线圈"文件夹。

（5）在图纸中,选中新建的符号,按住鼠标左键将该符号拖动到"线圈"文件夹中。

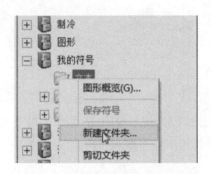

图 5-9　在符号数据库中新建文件夹

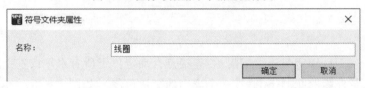

图 5-10　设置符号文件夹名称

（6）在弹出的"组件属性"对话框中输入组件的名称和描述，单击"确定"按钮，如图 5-11 所示。

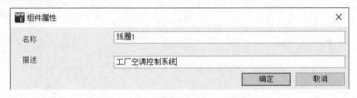

图 5-11　设置组件属性

（7）新建的符号就保存到数据库中了，如图 5-12 所示。

图 5-12　新建的符号保存到数据库中

任务六　更改符号

有时，用户需要对已有符号或新建符号进行修改。下面介绍更改符号常用的操作。

1. 删除元素

以删除二极管中多余的连接点为例。如图 5-13 所示，新建一个二极管符号后，会自动生成 4 个连接点。实际上，连接点 3 和 4 是不需要的。如何删除连接点 3 和 4 呢？

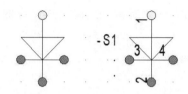

图 5-13　有多个连接点的二极管

（1）选中二极管符号，单击鼠标右键，在弹出的菜单中选择"拆解"，如图 5-14 所示。

（2）拆解后就可操作单个组件零件，分别选中连接点 3 和 4，将其删除。删除连接点后的二极管如图 5-15 所示。

图 5-14　选择拆解命令　　　图 5-15　删除连接点后的二极管

（3）再次将修改后的符号选中，组合成组件，命名后保存到符号数据库中。

2. 添加元素

如图 5-16 所示，添加一条线和一个连接点到组件中。

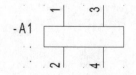 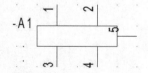

图 5-16　组件修改

（1）选中符号，单击鼠标右键，在弹出的菜单中选择"拆解"。

（2）在符号的右侧绘制一条直线，如图 5-17 所示。

（3）复制一个可用连接点（同时会自动复制连接点的序号）并将其插

新绘制的直线不能自动添加连接点。

入绘制线的末尾,如图 5-18 所示。此时该连接点的序号与复制的连接点序号相同。

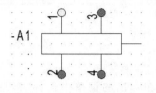
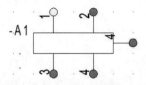

图 5-17 绘制新的直线   图 5-18 添加新的连接点

(4)单击选中此连接点,连接点和序号 4 变成红色。打开"编辑"菜单,如图 5-19 所示,选择"编辑文本"。

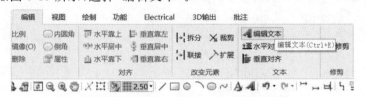

图 5-19 编辑文本

(5)在弹出的"文本"对话框中,对文本进行重新编辑,将"4"修改成"5",如图 5-20 所示,其他参数也可根据需要修改。修改完成后关闭此对话框。

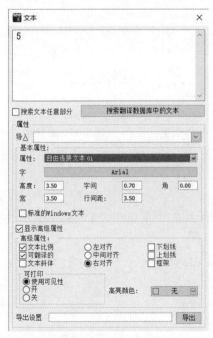

图 5-20 修改文本

(6)将修改后的符号选中,组合成组件,命名后保存到符号数据库中。

3. 添加文本

有时需要对组件添加更多文本说明，自动插入的文本通常是不够的。如何将文本添加到首次创建的组件中呢？

(1) 选中符号，单击鼠标右键，在弹出的菜单中选择"拆解"。

(2) 打开"绘制"菜单，如图 5-21 所示，选择"新建文本"。

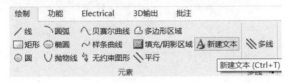

图 5-21 新建文本

(3) 在弹出的"文本"对话框中选择属性，如图 5-22 所示。

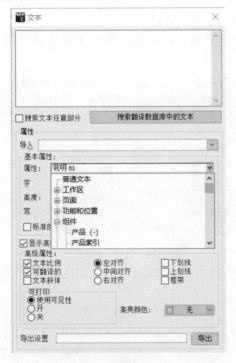

图 5-22 编辑文本属性

在"属性"列表中，可找到如下属性：工作区、页面、功能和位置、组件、连接号。展开列表中的"组件"，双击"说明 01"属性。

(4) 在文本框中输入"12 V"，如图 5-23 所示。

(5) 此时光标会变成"十"字形，并且"12 V"文本出现。移动光标，将文本插入所需位置。单击鼠标右键，固定文本位置。同时对话框关闭。

(6) 将符号组合成组件。

(7) 双击该文本，便可在"组件属性"对话框中更改"说明 01"。

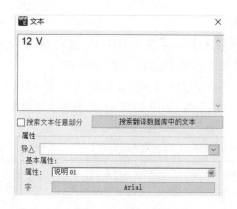

图 5-23　输入文本

4.移动文本

移动文本有以下两种方式：

● 对符号进行拆解。这种情况下，使用拖放操作即可容易地移动所有文本。

> 如果一个符号已经在连接中使用了，则移动组件名称时，不要采用拆解符号的方式。

● 不使用拆解功能取消连接符号和连接文本间连接的组合。这种情况下，连接文本和相应的符号始终组成一个整体。下面对这种方式进行详细讲解。

（1）打开"常规"选项卡，如图 5-24 所示，选择"单个元素"。

图 5-24　选择"单个元素"

> 选择"单个元素"后，按住键盘中的"Ctrl"键，可以同时选择多个文本。

（2）单击需要移动的文本，如图 5-25 中的"1A2"，文本颜色由黑色变成红色。

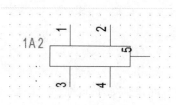

图 5-25　单击需移动的文本

（3）单击鼠标右键，在弹出的如图 5-26 所示菜单中选择"移动"。

（4）此时光标变成"十"字形，如图 5-27 所示，可拖动文本到需要的位置。

（5）单击鼠标左键释放，文本移动完成，如图 5-28 所示，符号显示恢复正常。

图 5-26　选择菜单中的"移动"

选择"单个元素"的好处：
· 不需要对符号进行拆解。
· 可以删除或编辑文本。
· 可以操作符号中的任意元素，如线条等。

图 5-27　拖动文本　　　　　图 5-28　移动文本完成

任务七　管理符号数据库

1.操作符号数据库

（1）显示或隐藏符号数据库

在"首页"菜单中，单击"符号"按钮，如图 5-29 所示，可以在页面中显示或隐藏符号数据库（符号栏）。

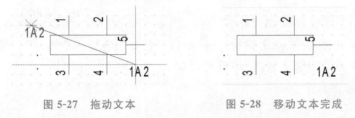

图 5-29　显示或隐藏符号栏

（2）查找符号

在符号数据库顶端"筛选器"处，输入所需的符号名称，便可以在符号数据库中进行查找。例如，在对话框中输入"保险丝"，所有与"保险丝"有关的元件都会出现在列表中，方便用户进行选择，如图 5-30 所示。

(3)符号的基本操作

①拖放符号

将符号放置到图纸中,可进行如下操作:

● 在符号数据库列表中单击需要的符号,如图 5-31 所示,此时光标会变成"十"字形,符号出现在光标中心。

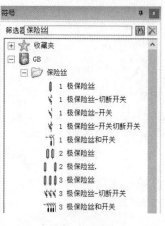

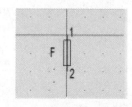

图 5-30　查找符号　　　　图 5-31　符号光标变成"十"字形

● 拖动符号,单击鼠标左键,将符号放置到合适的位置。

● 单击鼠标右键,结束符号放置。

②复制符号

将一个文件夹下的符号复制到另一个列表中去,可进行如下操作:

● 选中符号,单击鼠标右键,在弹出的如图 5-32 所示菜单中选择"复制符号"。

图 5-32　复制和删除符号

● 选择目标文件夹,单击鼠标右键,在弹出的如图 5-33 所示菜单中单击"粘贴符号",符号就会粘贴到当前文件夹中。

③删除符号

删除符号,可进行如下操作:

● 选中符号,单击鼠标右键,在弹出的如图 5-32 所示菜单中选择"删除符号"。

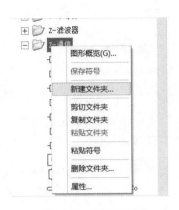

图 5-33　粘贴符号

● 弹出如图 5-34 所示警告对话框。若单击"确定"按钮,该符号就会被彻底删除,无法恢复。因此慎用该功能。符号数据库的默认路径为"C：\Users\Public\Documents\IGE＋XAO\SEE Electrical\V8R2\Symbols"。若不小心删除符号,可从其他渠道复制完整的符号数据库,覆盖路径内的符号数据库。

（4）收藏夹的使用

收藏夹符号数据库物理上是不存在的。按默认方式放置的符号只会生成一个到符号数据库的连接。对原始条目的更改会自动影响收藏夹文件夹中的符号。

选中符号,单击鼠标右键,在弹出的菜单中选择"添加到收藏夹",如图 5-35 所示,可以将符号放置在收藏夹文件夹中。

图 5-34　删除符号提示　　　　图 5-35　将符号添加到收藏夹

在收藏夹文件夹中选择一个符号,单击鼠标右键,在弹出的菜单中选择"属性",如图 5-36 所示,在弹出的"组件属性"对话框中,会显示符号数据库和文件夹。

在收藏夹文件夹中选择一个符号,单击鼠标右键,在弹出的菜单中选择"复制符号"或"删除符号",可以复制或删除收藏夹中的符号。

2. 新建符号数据库

（1）在符号数据库空白处,单击鼠标右键,在弹出的菜单中选择"新

删除收藏夹中的符号,该符号不会从原始符号数据库中删除。

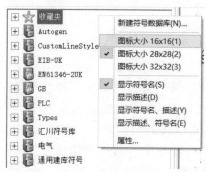

图 5-36 "组件属性"对话框

建符号数据库",如图 5-37 所示。

图 5-37 新建符号数据库

(2)在弹出的"符号数据库属性"对话框中,输入符号数据库名称,单击"确定"按钮,如图 5-38 所示,新的符号数据库就建成了。

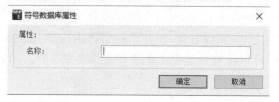

图 5-38 输入符号数据库名称

实训任务 创建"工厂空调控制系统"项目中的组件符号

1.实训内容

创建"工厂空调控制系统"项目中用到的一个符号,并将其保存到符号数据库中。

2.实训目的

(1)学会创建一个新的符号。

(2)能够将创建的符号保存到符号数据库。

(3)能够对符号数据库熟练操作。

3.实训步骤

(1)新建符号:打开或新建一个电路图图纸。

（2）绘制如图 5-39 所示符号图形。图形中共有 6 个连接点。

（3）将图形保存成"带辅助触点的组件"。如图 5-40 所示，定义组件的前缀为"K"。

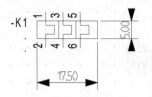

图 5-39　符号图形　　　　　　图 5-40　定义组件前缀

（4）如图 5-41 所示，在符号数据库中新建一个"自定义组件"文件夹，并把新建的符号保存到该文件夹中。

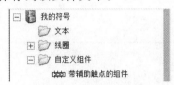

图 5-41　保存符号到符号数据库

（5）将新建的符号添加到收藏夹，如图 5-42 所示。

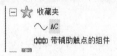

图 5-42　将符号添加到收藏夹中

项目六　电气原理图绘制

项目目标

- 了解电气原理图的绘制流程。
- 能够创建一张电气原理图。
- 掌握电位线及电线的绘制方法,能在电气原理图中绘制电位线及电线。
- 掌握符号及设备型号的添加方式,能在电气原理图添加符号及设备型号。
- 掌握端子、电缆的绘制方法,能在电气原理图绘制端子、电缆。
- 了解交叉索引的建立情况,能在电气原理图中插入索引符号。
- 能够给符号分配类型并对电线编号。
- 能够熟练运用操作命令完成项目电气原理图。
- 在绘图过程中培养规范作图意识,提高规范作图能力,培养耐心和自信心。

技能重点

- 电气原理图的创建方法。
- 电线的绘制方法。
- 符号的放置和设备型号的选择。
- 电缆、端子的绘制方法。
- 电线编号的方法。

任务一　创建电气原理图

电气原理图的创建有以下两种方式：

（1）单击项目树中的"电路图"，运行"首页"→"页面"→"新建"命令，在弹出的"页面信息"对话框中输入页面信息，单击"确定"按钮，即可弹出新电气原理图页面。

（2）在项目树中的"电路图"上，单击鼠标右键，在弹出的菜单中选择"新建"，在弹出的"页面信息"对话框中输入页面信息，单击"确定"按钮，即可弹出新电气原理图页面。

任务二　绘制电位线

"Electrical"菜单如图 6-1 所示，其中"电位"面板中的命令用于绘制电位线。

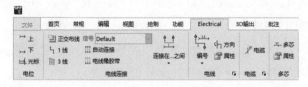

图 6-1　"Electrical"菜单

（1）上电位：单击 ↦ 上 图标，可在电气原理图上自动创建上电位线，在弹出的对话框中输入电位线名称。电位线的位置可在页面属性中定义。

（2）下电位：单击 ↦ 下 图标，可在电气原理图上自动创建下电位线，在弹出的对话框中输入电位线名称。电位线的位置可在页面属性中定义。

（3）自由电位：单击 ↦ 光标 图标，可在电气原理图上手动创建电位线，单击鼠标左键在图纸定义电位线的起点，在电位线终点处先单击鼠标左键，再单击鼠标右键结束绘制，在弹出的对话框中输入电位线名称。

打开"工厂空调控制系统"项目，打开电路图进线回路图纸，如图 6-2 所示，绘制电位线，分别为 L1、L2、L3、N、PE。

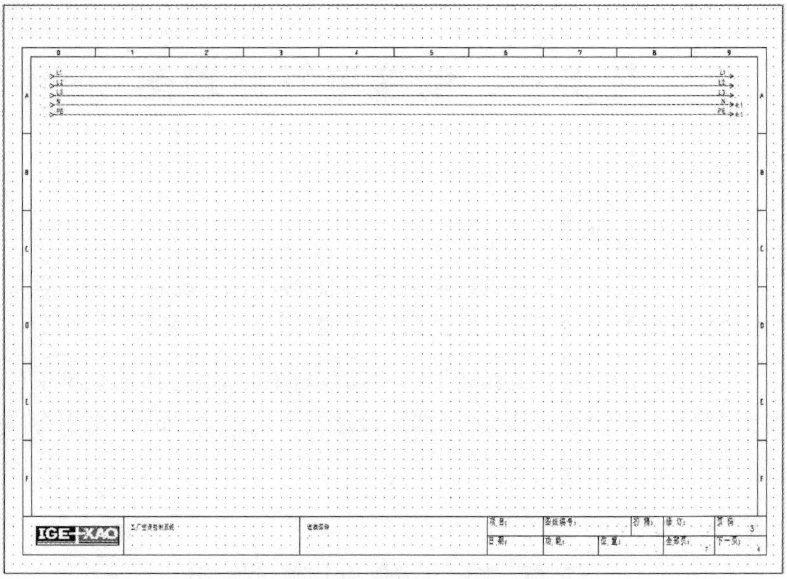

图 6-2　绘制电位线

任务三　绘制电线

如图 6-1 所示,"Electrical"菜单下"电线连接"面板中的命令用于在电气原理图中绘制电线连接。

(1)单线:单击 ⌐ **1线** 图标,单击起点和终点,可绘制单线。

(2)多线:多线分为 3 线和正交布线两种。

①3 线:单击 ‖‖ **3线** 图标,单击起点和终点,可绘制三相线。在"工厂空调控制系统"项目进线回路图纸中绘制 3 根电线,如图 6-3 所示。

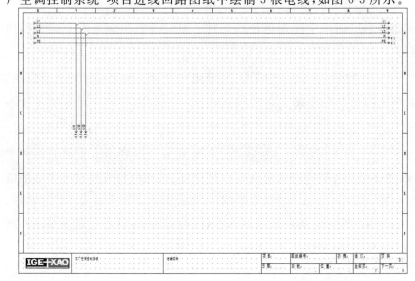

图 6-3　绘制 3 线

②正交布线:如图 6-4 所示,正交布线是比较常用的绘制多线的方法,可识别电线数,还可快速完成多线折弯绘制。

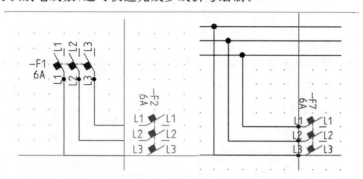

图 6-4　正交布线

(3)自动连接:激活 ⫴ 自动连接 按钮,如图 6-5 所示,可以在插入符号时,自动绘制电线。

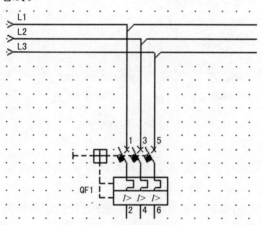

图 6-5　自动连接

(4)电线橡胶带:激活 ⫴ 电线橡胶带 按钮,如图 6-6 所示,用户在移动符号时,电线可自动延长或缩短,保持电线连接。

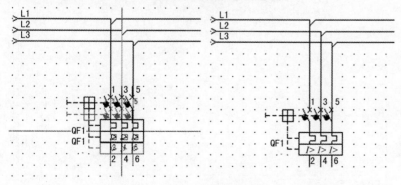

图 6-6　电线橡胶带

任务四　插入符号

1.选择符号

符号从符号数据库中载入。符号数据库包含不同的文件夹,如"接触器""按钮""电动机"等,方便用户查找。在文件夹上单击鼠标右键,如图 6-7 所示,可进行符号图形概览。

图 6-7　图形概览

2.插入符号

在"工厂空调控制系统"项目符号数据库中,选择"电气"→"QF一多级断路器",单击"VCB2-1"符号,移动鼠标至进线回路图纸中,符号随光标移动,放置于电线上,如图 6-8 所示。单击鼠标右键,结束断路器符号插入。

当符号附加到光标时,按键盘上的"+"键或"-"键(也可以使用"X"键或"Z"键),可顺时针或逆时针旋转符号。

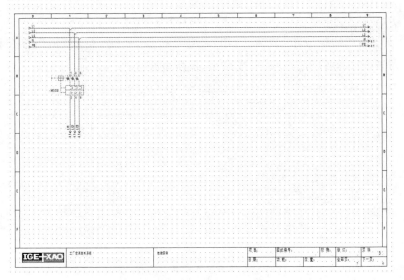

图 6-8　插入断路器符号

3. 符号数据库

在符号数据库列表空白部分单击鼠标右键,弹出如图 6-9 所示菜单。

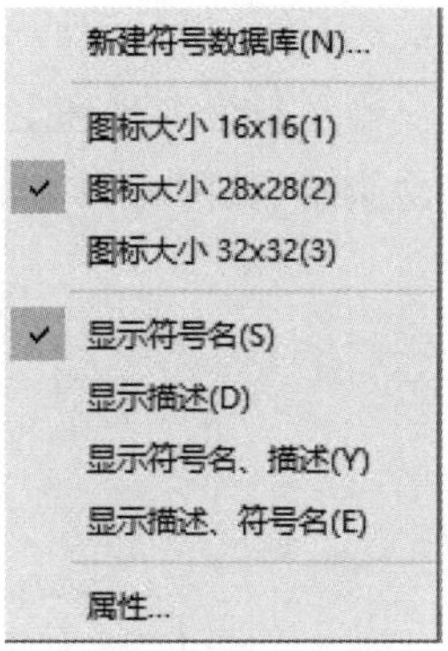

新建符号数据库(N)...

图标大小 16x16(1)
✓ 图标大小 28×28(2)
图标大小 32x32(3)

✓ 显示符号名(S)
显示描述(D)
显示符号名、描述(Y)
显示描述、符号名(E)

属性...

图 6-9 符号数据库
弹出菜单

(1)新建符号数据库:创建新的符号数据库。

(2)图标大小 $16\times16/28\times28/32\times32$:在符号窗格口更改图标尺寸。

(3)显示符号名:在符号窗口中显示符号名称。

(4)显示描述:在符号窗口中显示符号描述。

(5)显示符号名、描述:在符号窗口中先显示符号名称,再显示符号描述。

(6)显示描述、符号名:在符号窗口中先显示符号描述,再显示符号名称。

(7)属性:打开"符号数据库属性"对话框,可在其中修改所需设置。

任务五　设置交叉索引

1. 交叉索引的建立情况

SEE Electrical 中交叉索引的建立有以下几种情况:

(1)电位线间的交叉索引

相同名称电位线间自动生成交叉索引,如图 6-10 所示。

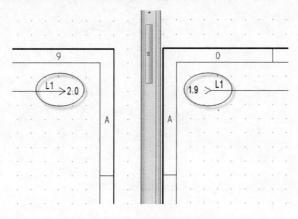

图 6-10 电位线间交叉索引

（2）主从符号间的交叉索引

当从符号名称和主符号名称相同时，软件会自动建立主、从符号间交叉索引，如图 6-11 所示。

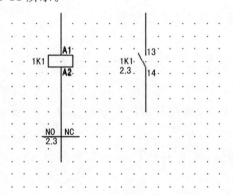

图 6-11　主从符号间的交叉索引

（3）用户自行建立交叉索引

如图 6-12 所示，页面 1 中 1K1 的常开触点需要与页面 2 中的指示灯 2H1 建立索引。在绘制与 1K1、2H1 相连的电线终点时，双击鼠标左键，将自动创建交叉索引符号，如图 6-13 所示。将两处交叉索引符号输入相同的名称，则索引建立成功。

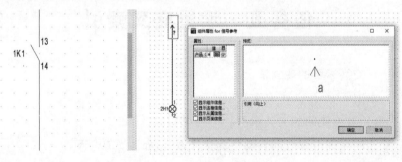

图 6-12　触点与灯建立索引

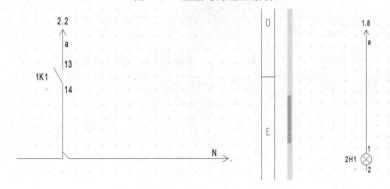

图 6-13　触点与灯索引

也可以通过在电线终端插入索引符号的方式建立交叉索引。如图 6-14 所示,可在符号数据库中查找索引符号。

按照上述方法,打开"工厂空调控制系统"项目进线回路图纸,在断路器下方插入索引符号,名称分别为 L11、L12、L13,如图 6-15 所示。

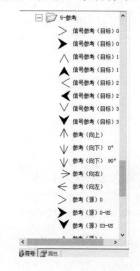

图 6-14　索引符号数据库　　　图 6-15　插入索引符号

2. 进行索引

交叉索引建立后,如图 6-16 所示,在交叉索引符号旁会有索引路径指示。双击索引路径,图纸会自动跳转,并有红色图钉导航符号标示。

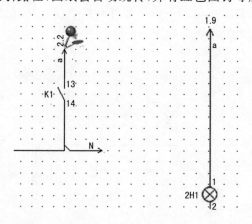

图 6-16　自动跳转

3. 显示索引目标

如图 6-17 所示,把索引符号的"显示目标"属性设置为"开",则在图纸中会显示索引目标。

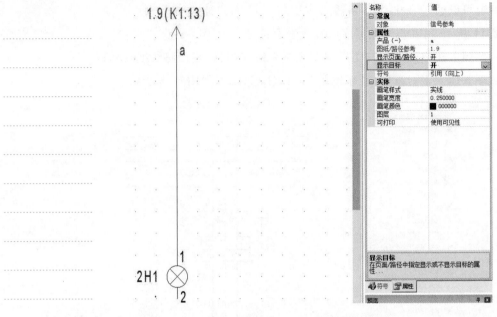

图 6-17   显示索引目标

任务六   插入端子

1. 插入单个端子

从符号数据库端子文件夹中选择端子符号,移动鼠标至电气原理图,符号随光标移动。将端子符号放置在需要位置,弹出"组件属性 for 端子"对话框,如图 6-18 所示。

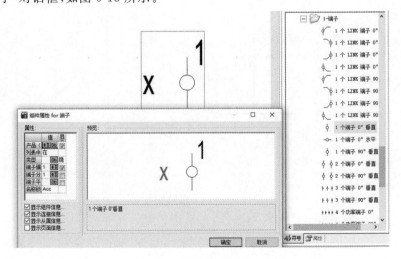

图 6-18   插入单个端子

（1）产品（一）：端子排名称。

（2）端子编号：端子名称。

（3）端子分类：端子排序，即端子在端子排中的位置。

2. 插入多个端子

可在符号数据库中选择多个端子符号插入。也可以在符号库中选择单个端子符号，在放置端子符号的同时按下键盘中的"L"键或"R"键，即可插入多个端子符号。

"L"键：在放置符号的同时，按键盘中的"L"键，如图 6-19 所示，单击两点形成垂直于电线的轴线，在轴线和电线的交点处插入端子。

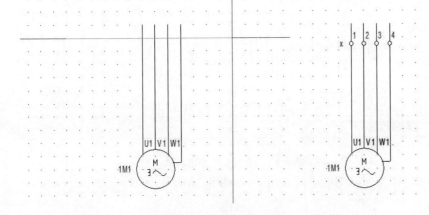

图 6-19　"L"键放置多个端子

"R"键：在放置符号的同时，按键盘中的"R"键，如图 6-20 所示，绘制一个矩形，则在矩形与电线交点处插入端子。

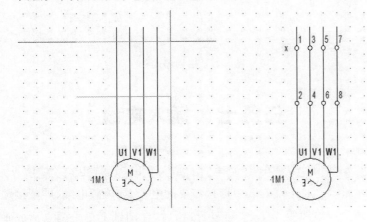

图 6-20　"R"键放置多个端子

3. 绘制"工厂空调控制系统"项目端子

打开"工厂空调控制系统"项目，新建电路图图纸，打开"页面信息"

对话框,在"页面说明行 01"中输入"主回路",单击"确定",完成图纸新建。

打开主回路图纸,如图 6-21 所示,绘制电线和符号。

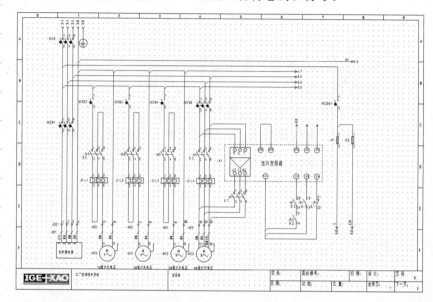

图 6-21   绘制主回路电线和符号

在主回路图纸中插入端子,如图 6-22 所示。

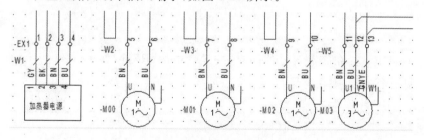

图 6-22   主回路端子

任务七   插入电缆

在"Electrical"菜单中选择"电缆",弹出"选择电缆"对话框,如图 6-23 所示。在电缆列表中选择需要的电缆,如屏蔽电缆、屏蔽接地电缆、屏蔽双绞电缆等。单击"确定"按钮后,在图纸上单击两点形成垂直于电线的轴线,在轴线和电线交点处会插入电缆。

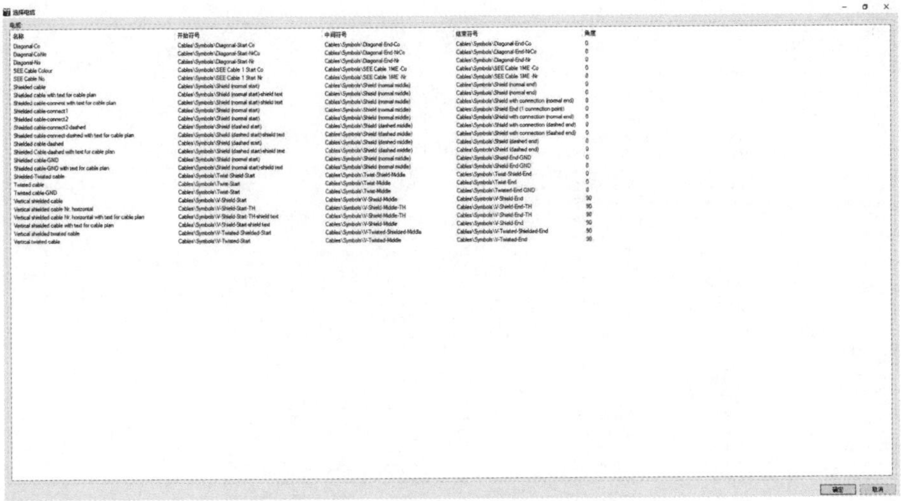

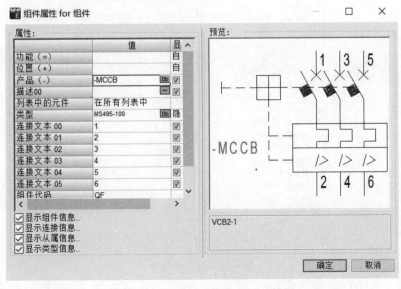

图 6-23 "选择电缆"对话框

任务八 分配类型

给符号分配类型有以下方法：

1. 通过类型数据库分配类型

在"工厂空调控制系统"项目中，打开进线回路图纸，双击 MCCB 断路器符号，弹出"组件属性 for 组件"对话框，如图 6-24 所示。单击"类型"栏中的 **Db** 按钮，进入类型数据库，可查看具体设备类型，如图 6-25 所示。也可在"类型"栏中手动输入型号。

图 6-24 "组件属性 for 组件"对话框

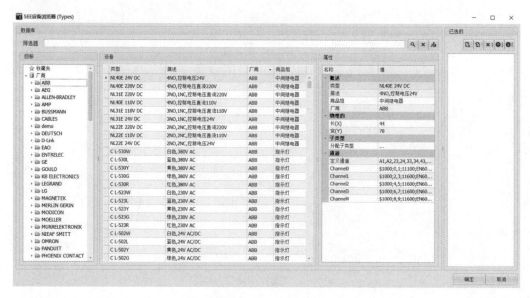

图 6-25　类型数据库

在"筛选器"处输入所需设备类型，并按键盘中的"Enter"键或单击
按钮 🔍，显示对应于筛选器的类型。如果要为线圈或具有辅助触点的
组件选择型号，可根据触点数量筛选型号。勾选类型数据库列表中触点
筛选器区域的"启动"选项，弹出"触点筛选器"对话框，如图 6-26 所示。
启动触点筛选器后，将筛选出符合条件的类型显示在列表中。

在 "筛 选
器" 处可输入
完整或不完整
的 名 称。输入
"*"，则显示所
有类型。

属性	
种类	编号
触点.NO	1
常开触点，缓慢操作	
常开触点，缓慢操作	
常开触点，Overlapping	
触点.NC	1
常闭触点，缓慢操作	
常闭触点，缓慢操作	
常闭触点，Overlapping	
转换触点	
转换触头，缓慢操作	
转换触点，缓慢操作	
接触器未指定	
接触器主NO	
接触器主NC	
触点主，转换	

重置

确定　　取消

图 6-26　触点筛选器

选择所需类型并双击，则该类型显示在窗口右侧的"已选的"列表
中，如图 6-27 所示。可选择多种类型，如一个接触器的主类型和几个附

件。所有类型都将被分配到组件中,并通过组件属性窗口中的分号";"
单独显示(例如:类型 1;类型 2)。

图 6-27 "已选的"列表

"已选的"列表中部分按钮的作用如下:

:输入不在类型数据库中的类型。

:将一个条目从"已选的"列表中删除。

:所选择的类型将在"已选的"列表中向上移动。对于线圈,主类
型必须为列表中的第一条,以使其触点在触点镜像中首先显示。

:所选择的类型将在"已选的"列表中向下移动。

2. 通过组件窗口分配类型

在电气原理图中先选中一个或者多个符号,然后打开左侧或右侧面
板"组件"选项卡,在其中查找到需要的类型。单击鼠标右键,在弹出的
菜单中选择"将类型添加到所选的组件",如图 6-28 所示。

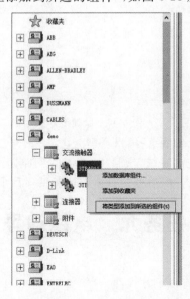

图 6-28 将类型添加到所选的组件

3.通过产品编辑器分配类型

可通过数据库列表中的"产品编辑器"给一个或者多个符号分配类型。打开左侧或右侧面板"工作区"选项卡,打开数据库列表中的产品编辑器。如图 6-29 所示,批量选中需要分配类型的符号,在右侧的编辑窗口中单击"类型"条目中的 **Db** 按钮,为所选符号分配类型。

图 6-29   通过产品编辑器分配类型

4.通过"添加组件"功能分配类型

在"功能"菜单中选择"组件"→"增加",打开类型数据库,从中选择需要的类型,单击"确定"按钮后弹出"符号"对话框,如图 6-30 所示。"符号"对话框中显示的为与该类型相关的符号,将符号放置到电气原理图中,符号将自动分配类型。

如果一个类型包含多个部分,如接触器包含多个触点,则若该类型定义了相应通道,可以在"功能"菜单中选择"组件"→"完整的",插入缺失的部分。

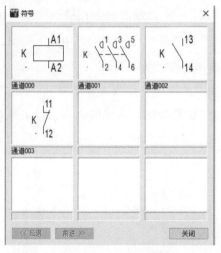

图 6-30   添加组件

5."工厂空调控制系统"项目类型分配

在"工厂空调控制系统"项目中,打开主回路图纸,使用本任务相关功能,为主回路图纸分配类型。具体类型参见项目十中的"备件列表"。

任务九   电线编号

1.生成电线编号

生成电线编号有以下方式:

(1)手动电线编号

如图 6-31 所示,双击电线,在弹出的"电线属性"对话框中填写电线编号。

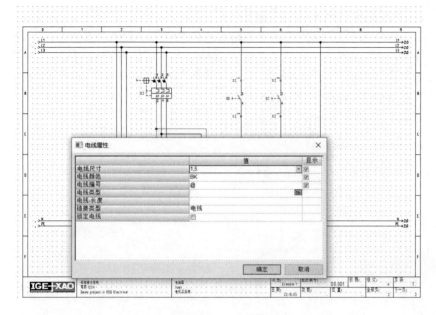

图 6-31 手动编号

（2）自动电线编号

在"Electrical"菜单中选择"电线"→"编号"→"生成"，在弹出的"电线编号"对话框中，选择"电线编号"，所有电线将具有唯一编号。

（3）自动电位编号

在"Electrical"菜单中选择"电线"→"编号"→"生成"，在弹出的"电线编号"对话框中，选择"电位编号"，如图 6-32 所示，等电位电线将具有相同编号。

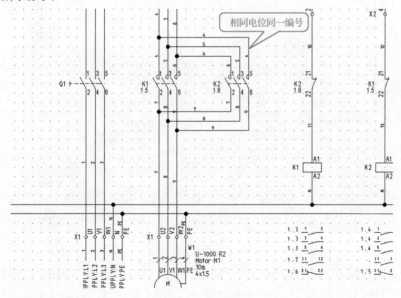

图 6-32 电位编号

（4）按电线的信号处理编号

电线可以按照不同信号功能（如 Power 线、Control 线或 24 V 线等）分别进行编号。在项目树的"电路图"上单击鼠标右键，在弹出的菜单中选择"属性"，弹出"电路图（EN）属性"对话框，如图 6-33 所示，在电线选项卡中，勾选"电线的信号处理"。

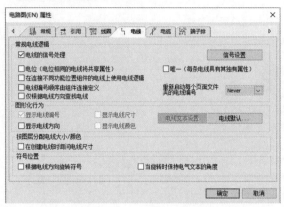

图 6-33　电线的信号处理

单击"信号设置"按钮，在弹出的"信号设置"对话框中，对各种类型电线进行设置，如图 6-34 所示。

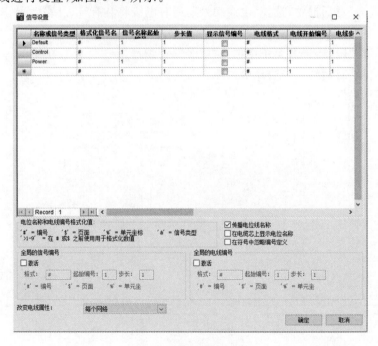

图 6-34　信号设置对话框

在"Electrical"菜单中选择"电线"→"编号"→"生成"，弹出"信号编号"对话框。勾选"生成信号上的编号"，单击"确定"按钮，即可生成电线编号。不同类型的电线可生成不同格式的编号，如图 6-35 所示。

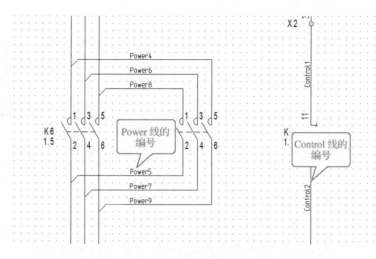

图 6-35　不同类型的电线编号

2.更新电线编号

如果需要重新生成电线编号,则在"Electrical"菜单中选择"电线"→"编号"→"生成",在弹出的"电线编号"对话框中勾选"未锁定的电线",对电线进行重新编号,如图 6-36 所示。若被锁定的电线也需要重新生成电线编号,则将"已锁定的电线"也勾选。选择此选项后,重新生成电线编号的同时,电线将被解锁。

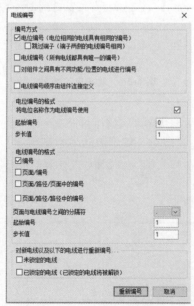

图 6-36　"电线编号"对话框

若使用按电线的信号处理编号方式,则在弹出的"信号编号"对话框中勾选"具有现有编号且未被锁定的电线"。同样,若被锁定的电线也需要重新生成电线编号,则将"已锁定的电线"也勾选。这样,重新生成电线编号的同时,电线将被解锁。

3. 只为新电线编号

如果需要对新增回路电线进行编号,而已编过的电线编号不改变,则在"Electrical"菜单中选择"电线"→"编号"→"生成",在弹出的对话框中不选择图 6-37 所示选项。

(a) 非按电线的信号处理编号   (b) 按电线的信号处理编号

图 6-37   给新电线编号

4. 电线编号对齐

电线编号生成后,为了图纸美观,可对编号进行对齐处理。

(1)如图 6-38 所示,选择要对齐编号的电线。

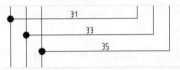

图 6-38   需对齐的电线编号

(2)在"编辑"菜单"文本"面板中选择"对齐",选择文本要移动到的位置,单击鼠标左键即可对齐电线编号,如图 6-39 所示。

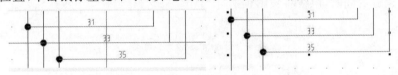

图 6-39   对齐电线编号

5. 锁定电线

对于需要手动填写编号的电线,可将其锁定,避免在做自动电线编号时,更改这类电线的编号。锁定电线有以下方式:

(1)双击电线,在弹出的"电线属性"对话框中,勾选"锁定电线",如图 6-40 所示。

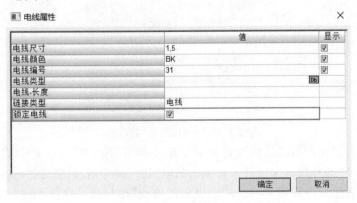

图 6-40   锁定电线

（2）在图纸上同时选中多根电线，在左侧或右侧面板"属性"选项卡中将"锁定电线"属性设置为"开"，如图 6-41 所示，多根电线即同时被锁定。

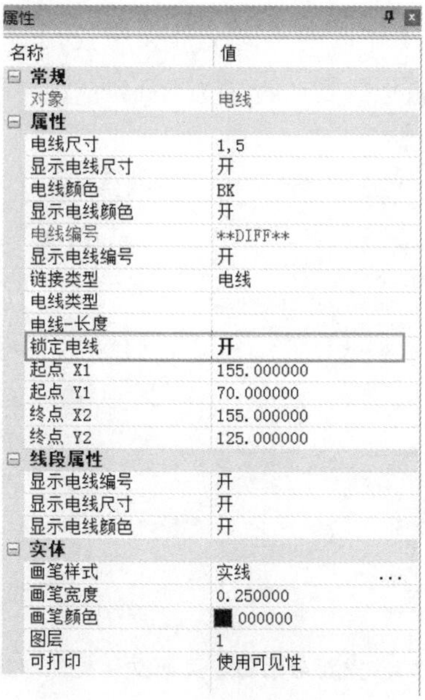

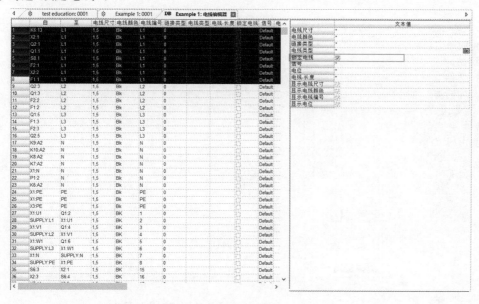

图 6-41 同时锁定多根电线

（3）打开左侧或右侧面板"工作区"选项卡，打开数据库列表中的"电线编辑器"，如图 6-42 所示，批量选中需要锁定的电线，在右侧编辑窗口中勾选"锁定电线"。

图 6-42 电线编辑器锁定电线

6. 不同文件夹中定义相同电线编号

如图 6-43 所示,在"电路图(EN)属性"对话框"电线"选项卡中,"重新启动每个页面文件夹的电线编号"设置可基于文件夹等级号,使用相同的电线编号,即在工作区的不同文件夹中使用相同的电线编号,如都从 1 开始进行电线编号。默认设置为"Never"。

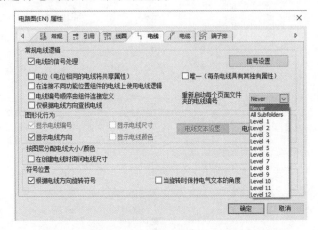

图 6-43　重新启动每个页面文件夹的电线编号

7."工厂空调控制系统"项目电线编号

在"工厂空调控制系统"项目中,使用本任务相关功能,为进线回路、主回路进行电线编号,规定编号方式为自动电位编号。完成后的主回路如图 6-44 所示。

在这个项目中,我们学习了电线绘制、符号放置、设备型号选择、绘制端子、添加电缆、电线编号等内容,这些内容在实际企业工程项目中必不可少,对完成电气工程设计非常重要。

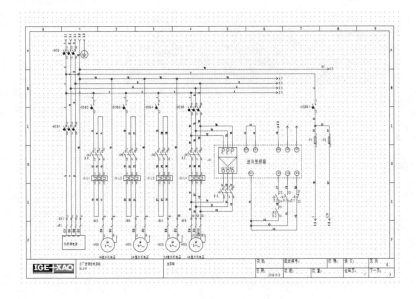

图 6-44　主回路图纸电线编号

实训任务 绘制"工厂空调控制系统" 项目电气原理图

1. 实训内容

根据电气原理图的绘制方法,绘制电线,添加符号并完成设备选型,绘制电缆,创建参考引用,进行电线编号,最终完成"工厂空调控制系统"项目电气原理图绘制。

2. 实训目的

(1)掌握电位线及电线的绘制方法。

(2)掌握符号及设备型号的添加方式。

(3)掌握端子、电缆的绘制方法。

(4)掌握参考引用的添加方法。

(5)掌握电线编号的方法。

3. 实训步骤

(1)打开"工厂空调控制系统"项目,新建"电加热回路"及"控制回路"图纸,打开"页面信息"对话框,在"页面说明行 01"中输入相应图纸说明,单击"确定"按钮,完成图纸新建,如图 6-45 所示。

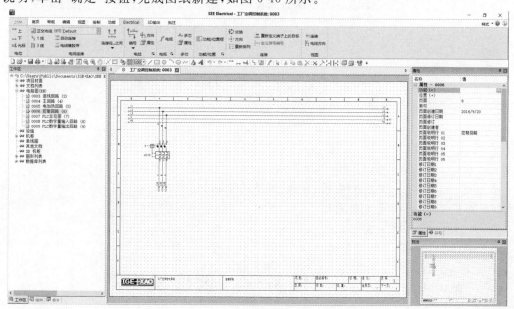

图 6-45 创建电路图页面

(2)在"电加热回路"图纸和"控制回路"图纸中绘制电位线和电线。

(3)在"电加热回路"图纸和"控制回路"图纸中插入符号。

(4)在"主回路"图纸、"电加热回路"图纸和"控制回路"图纸中添加参考引用。

详细图纸见项目十。

(5)在所有图纸中插入端子、电缆,进行设备类型分配和电线编号。

项目七　机柜设计

项目目标

- 了解机柜设计方式。
- 掌握机柜设计中面板、导轨、线槽的绘制方法。
- 能够在机柜中插入设备,并进行布局的调整及尺寸标注。
- 熟练完成"工厂空调控制系统"项目机柜图图纸绘制。
- 深入了解实际企业中机柜设计的思路和布局,形成职业适应能力。

技能重点

- 机柜图的创建。
- 机柜面板、导轨、线槽的绘制。
- 元件布局。
- 尺寸标注。

任务一　创建机柜图

创建机柜图图纸方式如下:

(1)在左侧或右侧面板"工作区"选项卡中,用鼠标右键单击"机柜",在弹出的菜单中选择"新建",弹出"页面信息"对话框,如图 7-1 所示,在"页面说明行 01"中输入"机柜图"页面信息,单击"确定"按钮。

(2)打开机柜图页面,如图 7-2 所示,菜单栏会显示机柜图相关的命令。

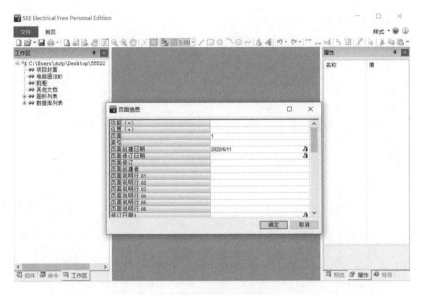

图 7-1　创建机柜图图纸

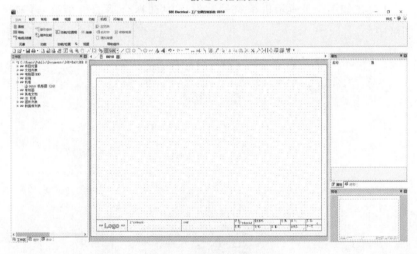

图 7-2　机柜图菜单栏

任务二　绘制机柜面板

绘制机柜面板有以下两种方式：

（1）完成机柜图图纸创建后，在"机柜"菜单中选择"元素"→"面板"，单击矩形的第一个点，按下键盘中的空格键，弹出"坐标"对话框，在该对话框中设置机柜的尺寸（dX，dY）。针对"工厂空调控制系统"项目，设置"dX"为 700 mm，"dY"为 1 500 mm，单击"确定"按钮，机柜面板即在图纸中显示,如图 7-3 所示。

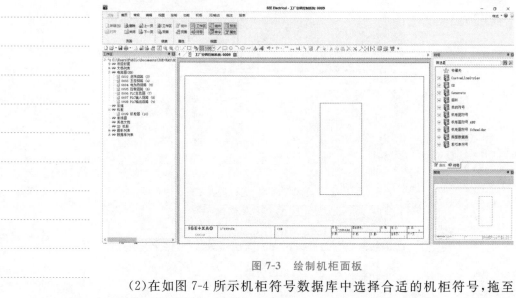

图 7-3　绘制机柜面板

(2)在如图 7-4 所示机柜符号数据库中选择合适的机柜符号,拖至图纸中。

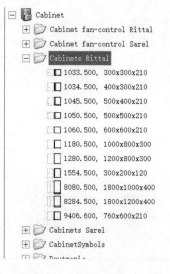

图 7-4　机柜符号数据库

任务三　绘制线槽

在"机柜"菜单中选择"元素"→"电缆/线槽",弹出"绘制通道"对话框,在该对话框中设置线槽的宽度、长度。针对"工厂空调控制系统"项目,设置宽度为 50 mm,长度为 600 mm,单击"确定"按钮,单击鼠标左键放置线槽,如图 7-5 所示。

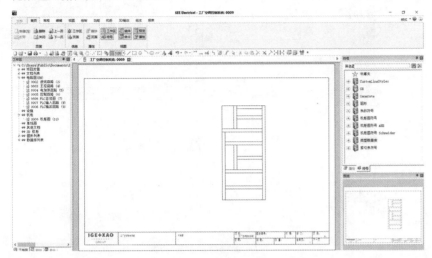

图 7-5 绘制线槽

任务四 绘制导轨

(1)在"机柜"菜单中选择"元素"→"导轨",弹出"绘制导轨"对话框,在该对话框中设置导轨的长度、宽度。针对"工厂空调控制系统"项目,设置宽度为 35,长度为 500,单击"确定"按钮,单击鼠标左键放置导轨。使用以上方法绘制如图 7-6 所示导轨。

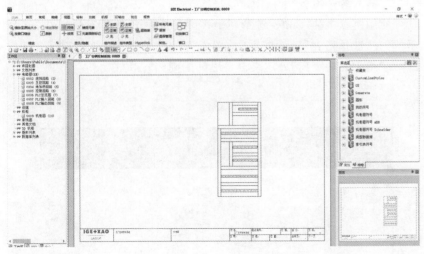

图 7-6 绘制导轨

(2)调整导轨线槽长度,双击导轨或线槽,如图 7-7 所示,在弹出的"组件属性 for 机柜"对话框中,在"长度"栏中输入新的尺寸,单击"确定"按钮。

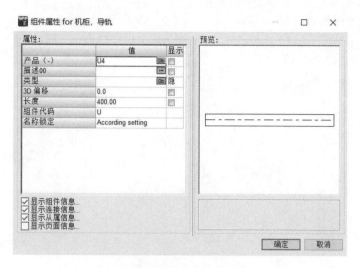

图 7-7　调整导轨线槽长度

任务五　插入设备

在"功能"菜单中选择"其他"→"选择列表",在弹出的"选择列表"对话框中选择待插入对象。

1. 插入单个设备

在"选择列表"对话框中,选中某个条目,单击"加载"按钮,或双击此条目,即可将该设备放置到图纸中。

2. 插入多个设备

使用键盘中的"Shift"键或"Ctrl"键可选中多个设备。如图 7-8 所示,可在"选择列表"对话框中"放置选定的组件"处定义设备插入的方式,在"组件间的距离"处定义设备之间的间距。

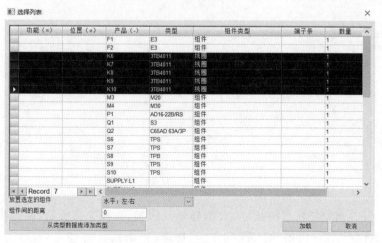

图 7-8　选择列表

3. 在"工厂空调控制系统"项目插入设备

按照上述方式,在"工厂空调控制系统"项目中插入设备,完成机柜布局,如图 7-9 所示。

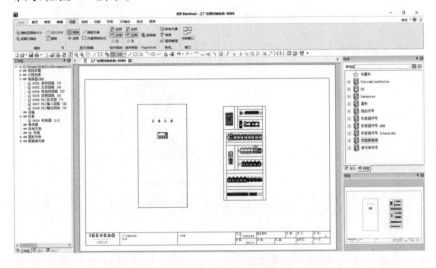

图 7-9 "工厂空调控制系统"项目机柜布局

任务六 对齐设备

在"机柜"菜单"导轨组件"面板中选择"左对齐""右对齐",可进行设备对齐,如图 7-10 所示。

图 7-10 对齐设备

任务七 绘制标注

在"绘制"菜单"标注"面板中选择"正交""2 线之间""2 点之间""NC""坐标""角度标注",可进行绘制标注,如图 7-11 所示。

按照上述方式,在"工厂空调控制系统"项目中绘制标注,完成后如图 7-12 所示。

图 7-11   绘制标注

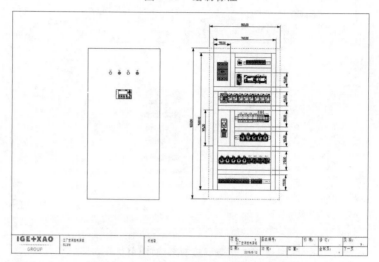

图 7-12   工厂空调控制系统机柜标注

任务八   设备导航

如果需要查看机柜图中设备在其他类型图纸中的位置,可以进行导航。在"常规"菜单中选择"选择"→"组件",在导轨上选中某个设备,单击鼠标右键,在弹出的如图 7-13 所示菜单中单击"跳至",在其子菜单中选择需跳转至的图纸类型。

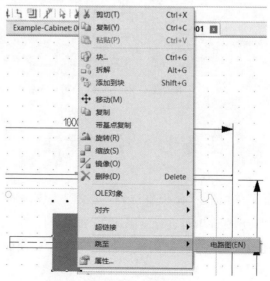

图 7-13   设备导航

任务九　设备对照

为保证机柜图与电气原理图统一，尤其在图纸修改后，可在"机柜"菜单中选择"组件比较"，进行设备比较，如图 7-14 所示，则发生更改的设备会高亮显示，如图 7-15 所示。

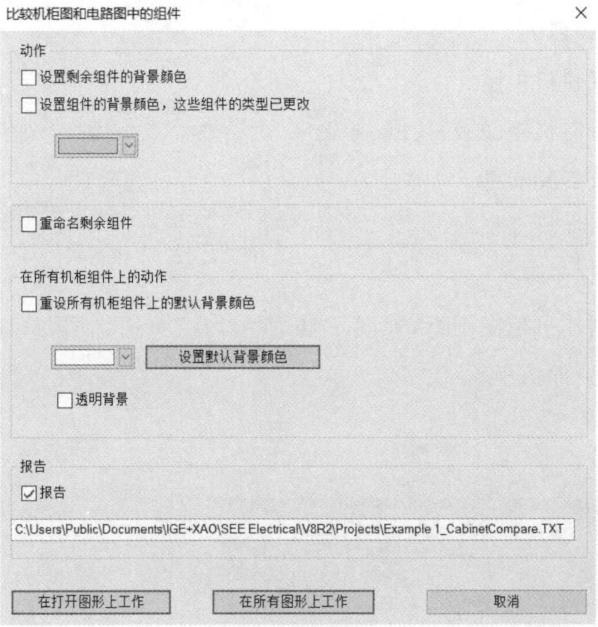

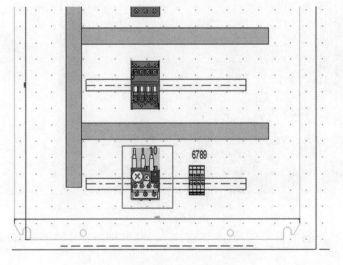

图 7-14　组件比较

图 7-15　组件比较高亮显示

在这个项目中，我们直观地了解了电气设计中机柜的设计方法，主要包括面板、导轨、线槽绘制，元器件布局及尺寸标注等内容。这部分内容在企业实际工作项目中很重要，应引起重视。

实训任务 绘制"工厂空调控制系统"项目机柜图

1.实训内容

通过本次实训,完成"工厂空调控制系统"项目机柜图。

2.实训目的

(1)创建机柜图。

(2)绘制机柜面板、线槽、导轨。

(3)放置元器件。

(4)添加尺寸标注。

3.实训步骤

(1)创建机柜图图纸,如图 7-16 所示,在"页面说明行 01"中,输入"机柜图"页面信息。

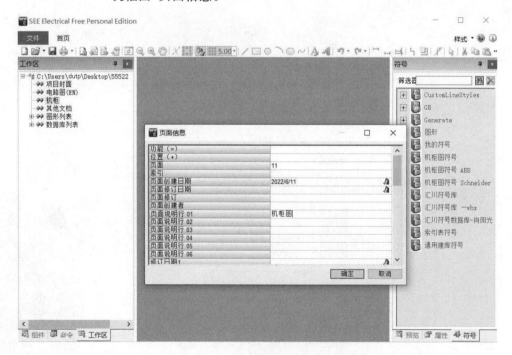

图 7-16 创建机柜图图纸

(2)绘制机柜面板,如图 7-17 所示,设置机柜"dX"为 700 mm,"dY"为 1 500 mm。

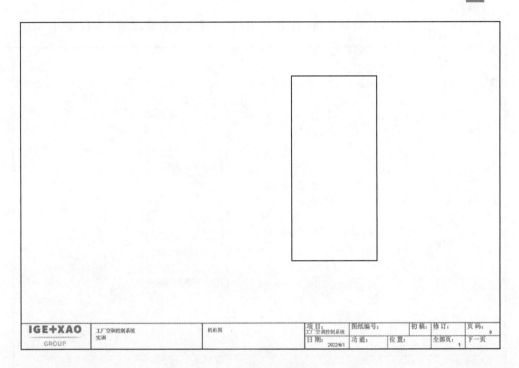

图 7-17　绘制机柜面板

(3)绘制线槽,如图 7-18 所示,设置线槽宽度为 50 mm,横向长度为 600 mm,纵向长度为 1 500 mm。

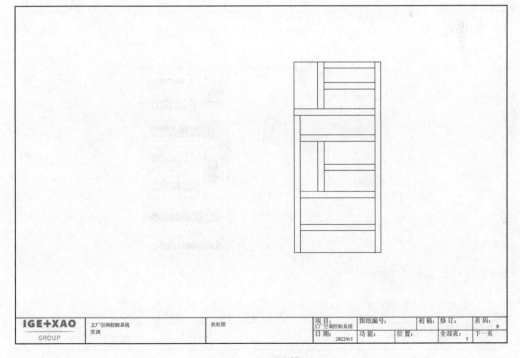

图 7-18　绘制线槽

(4)绘制导轨,如图 7-19 所示,设置导轨宽度为 35,长度为 500。

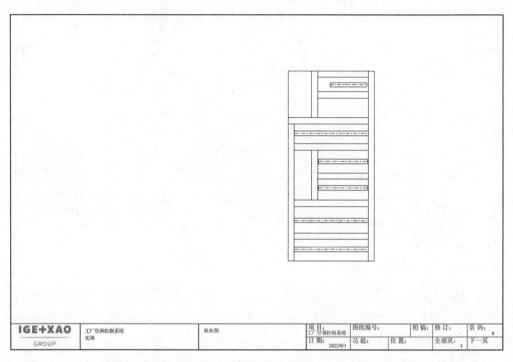

图 7-19　绘制导轨

(5)插入设备,如图 7-20 所示。

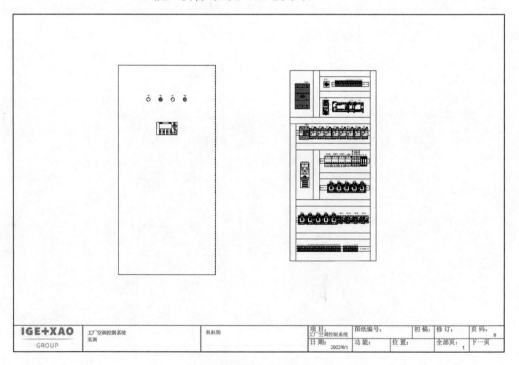

图 7-20　插入设备

（6）绘制标注，如图 7-21 所示。

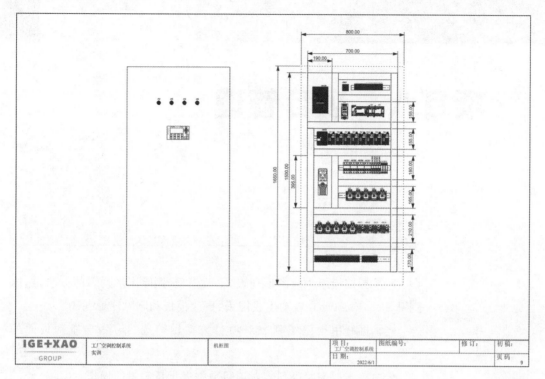

图 7-21　绘制标注

项目八　项目管理

项目目标

● 掌握按模板生成图形列表、更改模板、删除图形列表的方法,熟练使用 SEE Electrical 自动生成图表、更改模板和删除图形列表。

● 掌握利用视图类列表对项目数据做筛选、排序、导航到页面的操作。

● 熟练掌握编辑类列表对项目数据做批量编辑的操作。

● 掌握类型数据库管理,能够新建和编辑数据库类型。

● 掌握页面模板的创建方法,创建符合项目工艺流程的新页面。

● 掌握项目图纸打印的方法,能够熟练创建项目模板、打印项目图纸。

● 敢于创新,在遵循标准的前提下,创建项目电气标准化系统,建立电气项目管理体系。

● 善于对学习过程及操作步骤进行总结和反思。

技能重点

● 图形列表生成。

● 数据库列表及类型数据库管理。

● 页面及项目模板创建。

● 项目图纸打印。

任务一 生成图形列表

电气原理图绘制完成后,SEE Electrical 可一键生成所有需要的清单和接线图,如元器件明细表、采购清单、元器件接线图/表、电缆接线图/表、端子接线图/表等,这些图形列表能准确无误地对电气原理图进行统计。

图形列表依据模板生成。SEE Electrical 包含标准模板,用户也可根据需要自定义模板。

1. 自动生成图形列表

图形列表的生成有以下两种方式:

(1)打开左侧或右侧面板"工作区"选项卡,用鼠标右键单击"图形列表",在弹出的菜单中选择"生成",弹出"生成图形列表"对话框,如图 8-1 所示,勾选需要的清单或接线图,单击"生成"按钮,可以生成需要的图形列表。

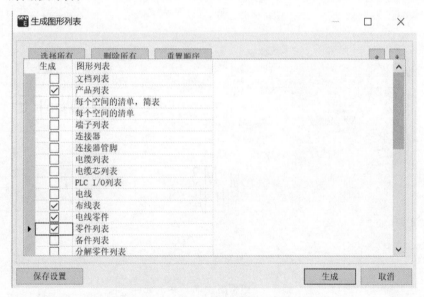

图 8-1 "生成图形列表"对话框

(2)在左侧或右侧面板"工作区"选项卡中,展开"图形列表",如图 8-2 所示,显示所有清单和接线图,选择需要的清单或接线图,单击鼠标右键,在弹出的菜单中选择"生成"。

有些列表中,组件是否存在取决于组件的"列表中的元件"属性设置,如图 8-3 所示。

图 8-2　生成图形列表

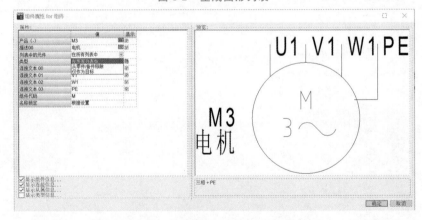

图 8-3　组件属性-列表中的元件

①在所有列表中：默认项，组件出现在所有相应的列表中（零件列表、备件列表和产品/端子/连接器列表）。

②从零件/备件移除：产品不在零件列表和备件列表中，但在产品/端子/连接器列表中。

③仅作为目标：产品既不在零件列表和备件列表中，也不在产品/端子/连接器列表中。

2. 修改模板

SEE Electrical 默认给所有图形列表配置了标准模板。如果需要修改模板,在对应的图形列表上单击鼠标右键,在弹出的菜单中选择"属性",弹出"列表属性"对话框,在"页面模板"下拉列表中选择合适的模板,单击"确定"按钮,完成修改,如图 8-4 所示。

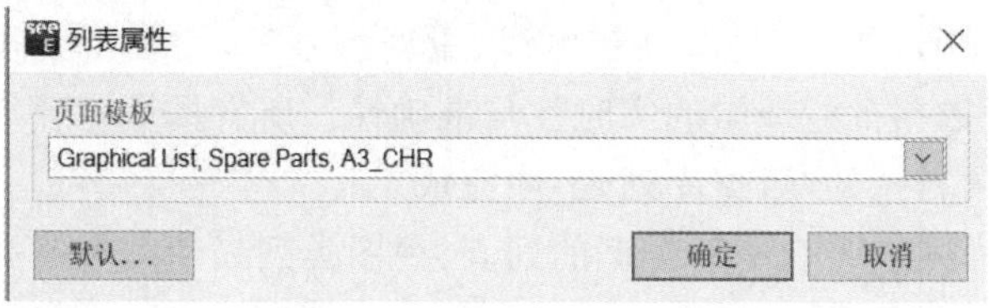

图 8-4　"列表属性"对话框

3. 删除图形列表

如果需要删除所有图形列表,在左侧或右侧面板"命令"选项卡中,双击"DL",弹出如图 8-5 所示提示,单击"是"按钮,完成删除。

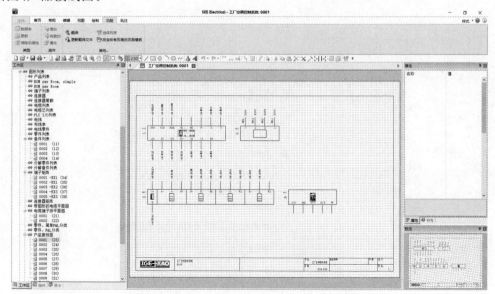

图 8-5　删除图形列表

4. 生成"工厂空调控制系统"项目图形列表

按照上述方式,生成"工厂空调控制系统"项目图形列表,如图 8-6 所示。本项目规定图形列表依次为备件列表、端子矩阵、电缆端子排平面图、产品接线图。

图 8-6　生成"工厂空调控制系统"项目图形列表

任务二　管理数据库列表

SEE Electrical 提供项目数据集中批量处理、批量修改功能,可批量修改设备型号、更改图框、锁定电线、重新编号等,图纸相关联部分实时更新,保证数据批量编辑的实时性与准确性。所有批量处理与批量修改工作可在项目树的"数据库列表"中完成。

数据库列表中有两种类型的列表:视图类列表和编辑器类列表。

1. 视图类列表

视图类列表可对项目数据做筛选、排序、导航到页面等操作,如图 8-7 所示。

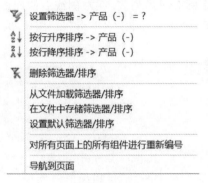

图 8-7　视图类列表

2. 编辑器类列表

编辑器类列表包括"产品编辑器""端子编辑器""文档编辑器""不在图纸中的组件编辑器"等,可对项目数据做批量编辑。

(1)"产品编辑器"

"产品编辑器"可对设备重新编号、对设备批量分配型号等,分别如图 8-8、图 8-9 所示。

图 8-8　"产品编辑器"对设备重新编号

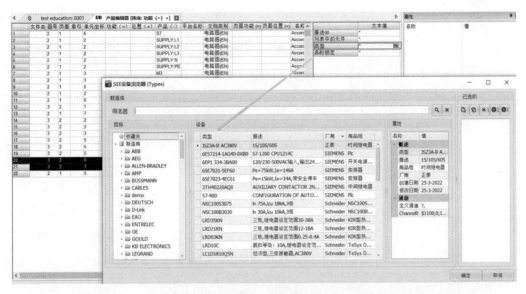

图 8-9 "产品编辑器"对设备批量分配型号

(2)"端子编辑器"

"端子编辑器"可为端子排添加备用端子、对端子重新编号等,如图 8-10 所示。

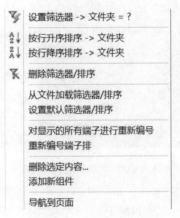

图 8-10 "端子编辑器"

(3)"文档编辑器"

"文档编辑器"可批量更换页面模板、对页面重新编号等,分别如图 8-11、图 8-12 所示。

(4)"不在图纸中的组件编辑器"

"不在图纸中的组件编辑器"可插入不需要在电气原理图中体现的组件,或在项目绘制之初,先在"不在图纸中的组件编辑器"中导入项目所需元件,再在电气原理图界面下,通过"功能"→"其他"→"选择列表"调出对应的电气符号。在"不在图纸中的组件编辑器"中单击鼠标右键,在弹出的如图 8-13 所示菜单中选择"添加新组件",逐个添加元件。也

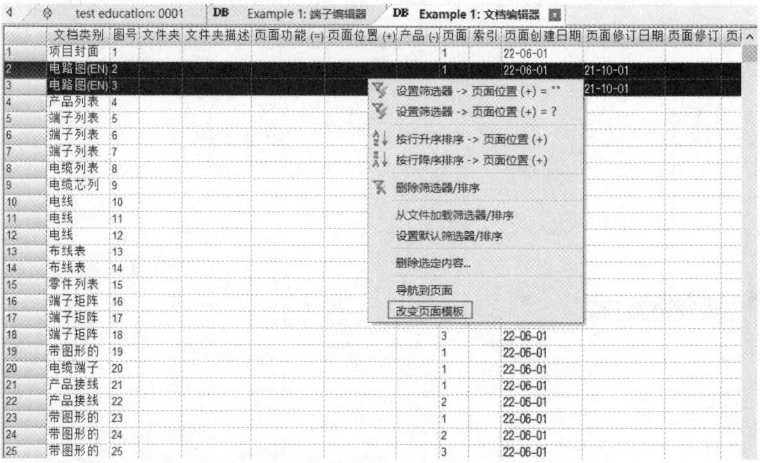

图 8-11　"文档编辑器"批量更换页面模板

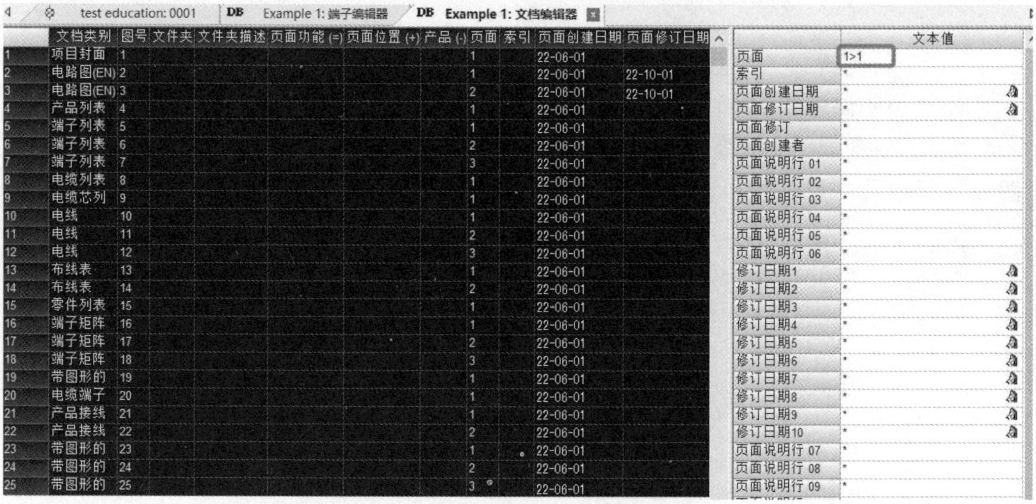

图 8-12　"文档编辑器"对页面重新编号

可选择"EXCEL-导入/导出",通过 Excel 表格批量导入元件信息。

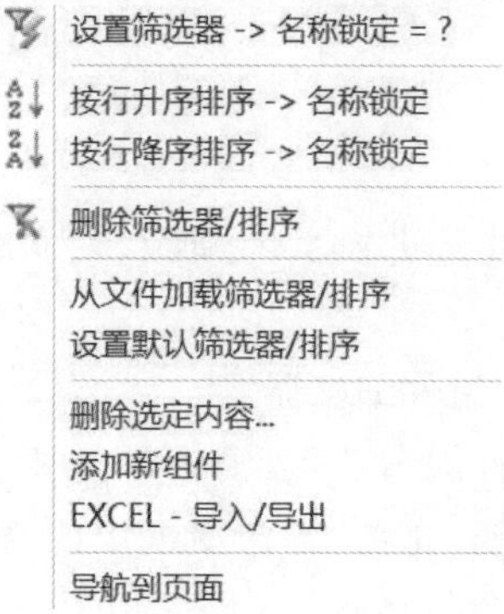

图 8-13　"不在图纸中的组件编辑器"

任务三 管理类型数据库

1. 类型数据库简介

类型数据库是存放设备类型信息如设备的长、宽、高、电压、电流等的库。SEE Electrical 类型数据库有常用厂商如 ABB、施耐德、西门子、欧姆龙等的设备型号。

打开任意一张图纸，选择"功能"→"数据库"，即可打开类型数据库。类型数据库由三个区域组成，如图 8-14 所示，区域①按常用厂商和商品组列出设备，区域②显示具体的设备类型、描述、厂商和商品组等信息，区域③显示所选设备的具体属性。

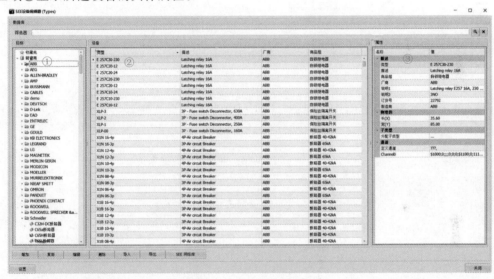

图 8-14 类型数据库

2. 新建数据库类型

新增数据库类型有以下两种方式：

（1）手动增加数据库类型

单击类型数据库底部"增加"按钮，在弹出的如图 8-15 所示对话框中输入相应信息。

①类型：设备类型的名称必须是唯一的，一种类型标识应仅出现一次。

②描述：对设备的说明。

③商品组：设备所属分类。

④属性：显示一些属性值，可根据需要填写。若"属性"框中无所需属性，单击"增加"按钮，弹出如图 8-16 所示对话框，选择所需属性，即可将新属性显示在"属性"框中。若想删除默认显示的属性，同理，单击"删除"按钮，取消选择相应属性即可。

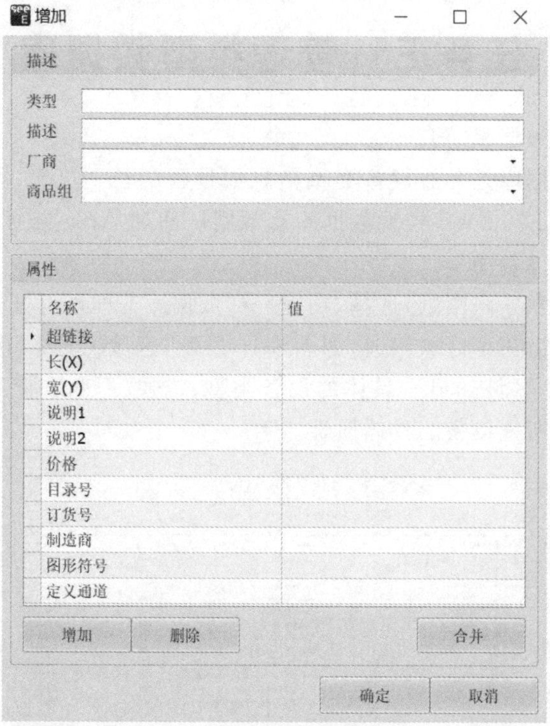

图 8-15   手动增加数据库类型

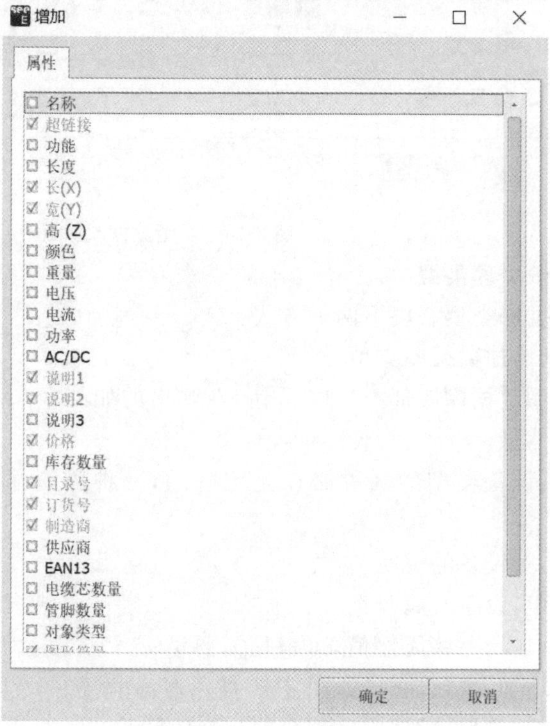

图 8-16   增加类型属性

（2）自动导入数据库类型

单击类型数据库底部"导入"按钮，弹出如图 8-17 所示对话框，选择相应格式文件。

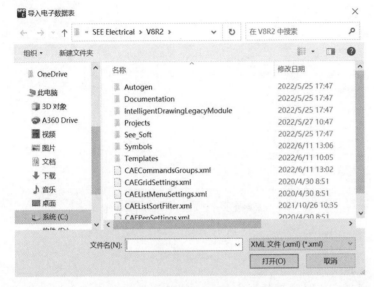

图 8-17　自动导入数据库类型

可通过 XML 文件导入类型，如使用 Excel 应用程序创建。但是，许多其他外部程序可能会生成 XML 文件，并且其结构可能无法满足 SEE Electrical 的需求。建议将数据导出到 XML 电子数据表，修改文件中的数据，再重新导入它们，可使用 Excel 打开、编辑、保存 XML 电子数据表。

如果从 Excel 文件导入，可选择"所有文件"，如图 8-18 所示，映射相应列的属性，导入设备类型。

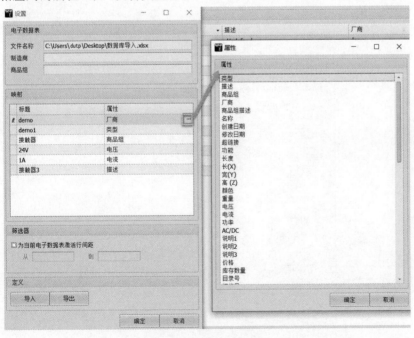

图 8-18　映射相应属性

3. 编辑数据库类型

单击类型数据库底部"编辑"按钮,在弹出的对话框中可对各设备类型属性进行编辑,如图 8-19 所示。

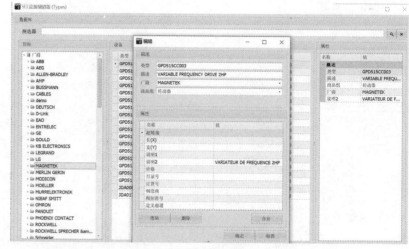

图 8-19   编辑数据库类型

4. 定义通道

通道定义是类型数据库的一个特殊属性。通道定义属性用来定义该型号默认关联的电路图、机柜图样式。

在"定义通道"处单击 ⋯ 按钮,如图 8-20 所示,在"通道"对话框中创建通道定义。

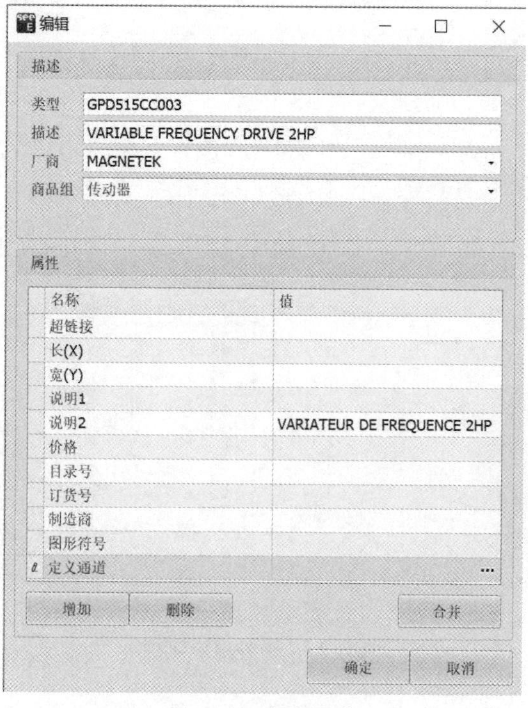

图 8-20   定义通道

在"属性"框中选择相应的绘图类型,如电路图、设施图、2D 机柜图或 3D 机柜图等。在"连接"处单击 ⋯ 按钮,填入连接文本,并勾选,如图 8-21 所示。

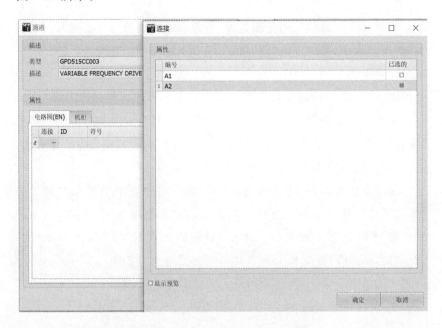

图 8-21　通道定义添加连接文本

(1)ID:选择相应类型。

(2)符号:选择对应绘图类型的符号。

(3)索引:默认情况下,镜像符号显示触电交叉形式,若需自动显示触点镜像,实时更新所有触点路径,直观地了解所有触点列表及使用情况,可在"索引"处选择触点镜像符号(SEE Electrical 默认的触点镜像符号在"Types"→"Mirrors"文件夹中)。

修改完数据库后,需更新数据库。如图 8-22 所示,在"功能"菜单中选择"更新"。

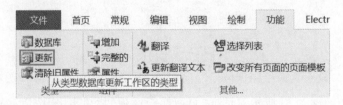

图 8-22　数据库更新

任务四　创建页面模板

通常基于页面模板创建新页面,电路图页面模板包含当前页面的属性,如页面大小、第一上电位的位置、第一下电位的位置等。

1. 定义图纸

在 SEE Electrical 中可根据需要自定义所需样式的标准图纸。

将现有的电路图标准图纸删除(选择"常规"→"选择"→"全部"和"编辑"→"动作"→"删除"),得到一个没有任何内容的空白电路图页面。

(1)设置页面大小

对于空白页面,先定义页面大小。在空白页面中用鼠标右键单击"页面属性",弹出如图 8-23 所示对话框,在"页面的 X-扩展"和"页面的 Y-扩展"栏中设置页面大小。例如,"页面的 X-扩展"设为 420.000 000,"页面的 Y-扩展"设为 297.000 000,则页面为 A3 页面。

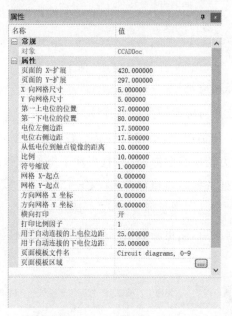

图 8-23　页面属性设置

(2)设置页面绘图区域

在如图 8-23 所示对话框"页面模板区域"栏单击 按钮,弹出"定义区域"对话框,如图 8-24 所示,在此对话框中设置页面的绘图区域。单击 按钮,框选绘图区域。绘图区域设置完成后,起点的 X 坐标、Y 坐标、宽度和高度将显示在"定义区域"对话框"大小"栏中。

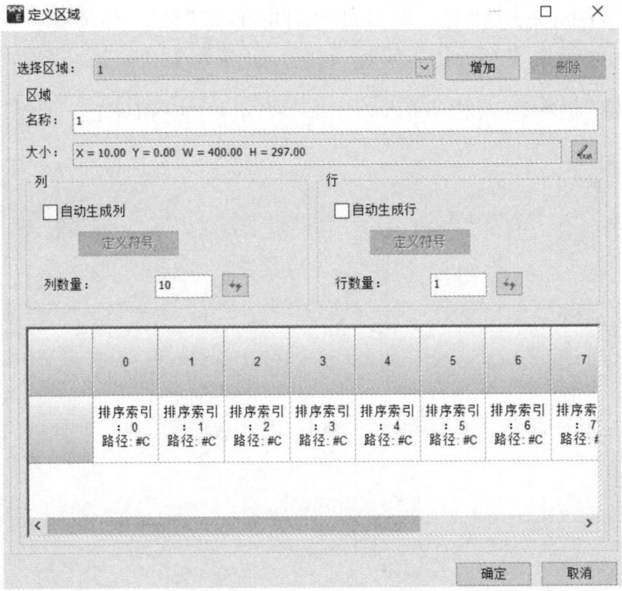

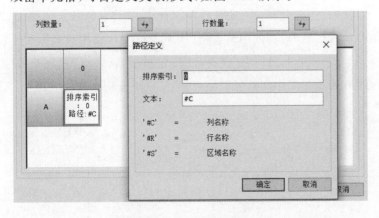

图 8-24 "定义区域"对话框

（3）设置行、列标题

设置绘图区域后，需设置行、列参数。在"定义区域"对话框"列数量"和"行数量"栏中均输入"1"，单击 按钮，在"定义区域"对话框中仅一个单元格可见，双击行、列标题修改标题文本，定义规则，如第一列从 0、第一行从 A 开始编号。

双击单元格，可自定义关联形式，如图 8-25 所示。

图 8-25 定义单元格规则

①排序索引：用于在数据库列表内进行排序，若想从上到下、从左到右排序，此处以"0"开头。

②文本：表示在组件名称或交叉引用中使用的单元坐标（列/行）信息。默认只显示列，用"♯C"表示。若需行、列都显示，可同时使用"♯C"

和"♯R"，中间使用自定义符号如"\"间隔，即"♯C\♯R"。

最小单元定义后，定义列数、行数，如图 8-26 所示，分别在"列数量"和"行数量"栏中输入相应值，单击 按钮，生成相应行、列数。

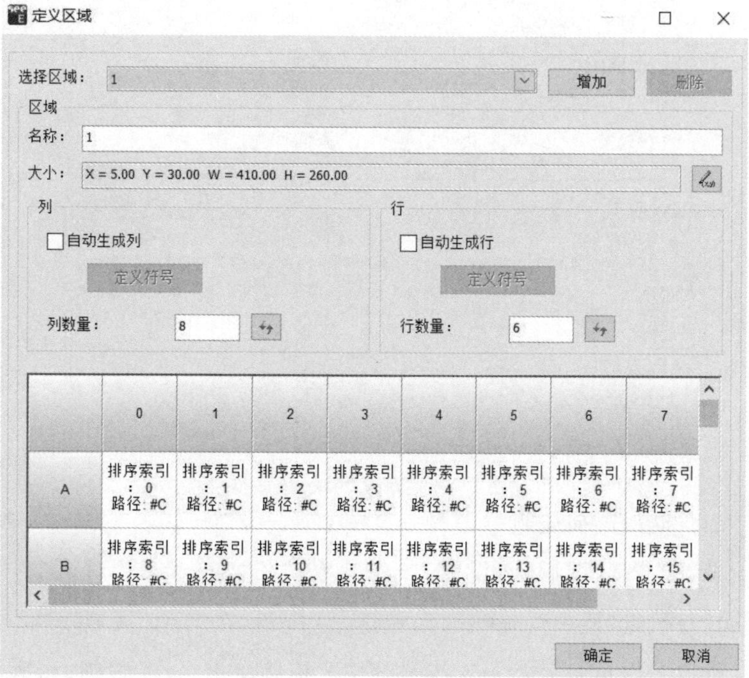

图 8-26　定义行数、列数

（4）显示行、列标题

定义行、列标题后，一般需要在图框中显示坐标号。如图 8-27 所示，在"定义区域"对话框中勾选"自动生成行""自动生成列"，使用符号来自动生成行和列，此时"定义符号"按钮被激活，弹出"标题符号"对话框，在"开始符号""中间符号""结束符号"栏中分别选择相应符号。

"系统"符号数据库的"模板符号"文件夹中提供了开始、中间和结束符号，可以直接调用。还可手动绘制几何图形放置于符号数据库中，与符号进行相应匹配。

图 8-27　设置行、列标题符号

（5）添加文本属性

在图纸中常需要显示一些文本项目和页面属性，如图 8-28 所示标题栏。

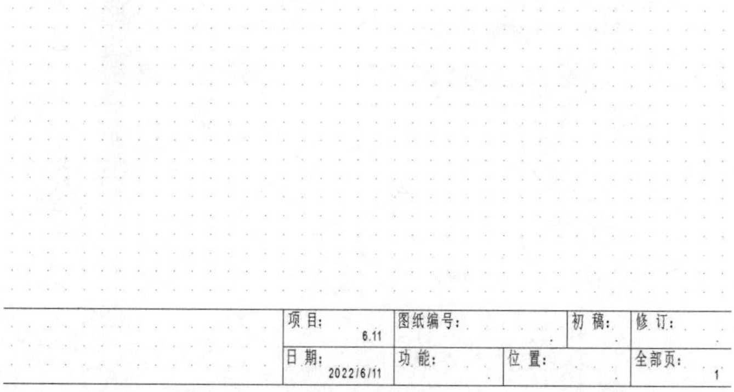

| 项　目： | 6.11 | 图纸编号： | | 初　稿： | 修　订： | |
| 日　期： | 2022/6/11 | 功　能： | 位　置： | 全部页： | 1 |

图 8-28　标题栏

选择"绘制"→"新建文本"，弹出如图 8-29 所示"文本"对话框，从中选择合适的文本插入。"普通文本"是在图纸中显示的固定文本，不可更改。其他属性文本不固定，可变化。例如，使用"页面"→"页面创建者"属性文本后，如图 8-30 所示，在"页面信息"对话框中输入相关信息，则可在图框中显示相应信息。

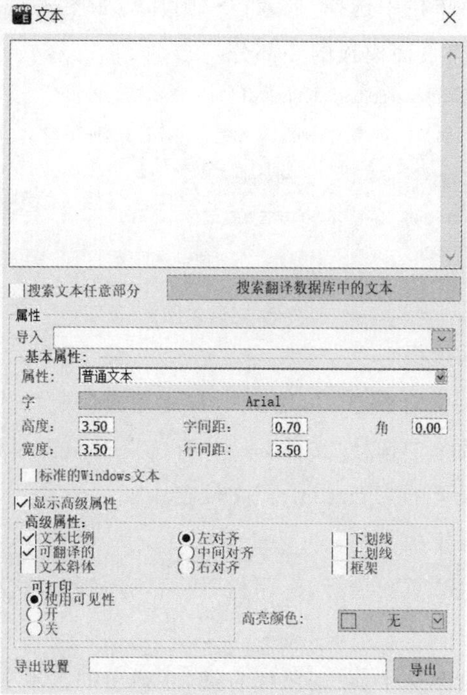

图 8-29　"文本"对话框

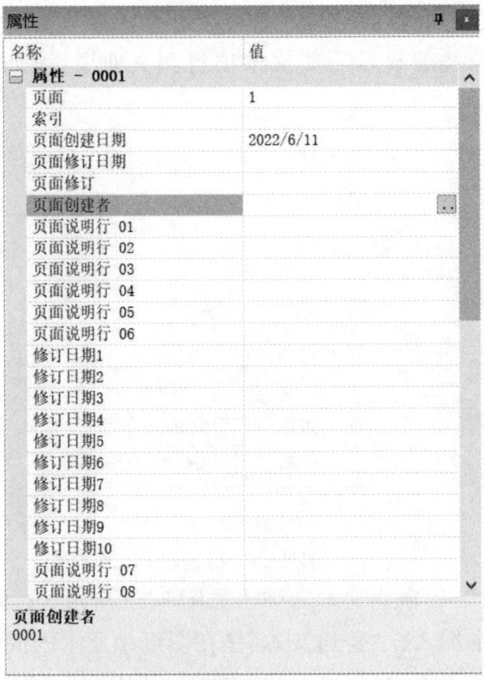

图 8-30 页面信息添加页面创建者

(6)插入图片

在"常规"菜单栏中选择"插入"→"图片",如图 8-31 所示,可在页面中插入图片,作为页面模板的一部分。

图 8-31 插入图片

2. 保存页面模板

将制作的页面全部选中,用鼠标右键单击"块"→"页面模板,标题栏",在弹出的菜单中选择"文件"→"另存为"→"页面模板",将页面模板保存在安装目录下的"Templates"文件夹中。

3. 更改页面模板

(1)页面组成"页面模板,标题栏"块后,有多种方式可对页面模板进行修改:

①将全部页面选中,单击鼠标右键,在弹出的菜单中选择"拆解",此时图中各元素处于可编辑状态。

②选择"常规"→"单个元素",编辑页面中单个元素。

③选择"页面属性"→"页面模板区域"→，重新框选绘图区域，调整行列坐标位置。

（2）修改后另存为页面模板。

（3）按照上述方式，更改"工厂空调控制系统"项目电气原理图图纸页面模板，替换 logo 图片。

4. 使用页面模板

有以下两种选择页面模板的方式：

（1）打开"电路图属性"对话框，在"常规"选项卡"页面模板"栏选择页面模板，如图 8-32 所示。

> 用这种方式选择页面模板只可设置新建的电路图图纸，已绘制的电路图图纸页面模板不会更新。

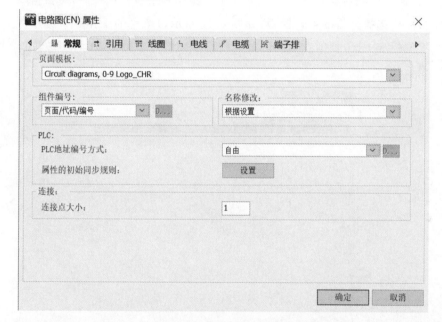

图 8-32　电路图属性选择页面模板

（2）在"数据库列表"→"文档编辑器"中，在相应页面单击鼠标右键，在弹出的菜单中选择"改变页面模板"，如图 8-33 所示，对页面模板进行设置。与方式（1）相比，方式（2）可对已绘制的电路图页面更新设置。

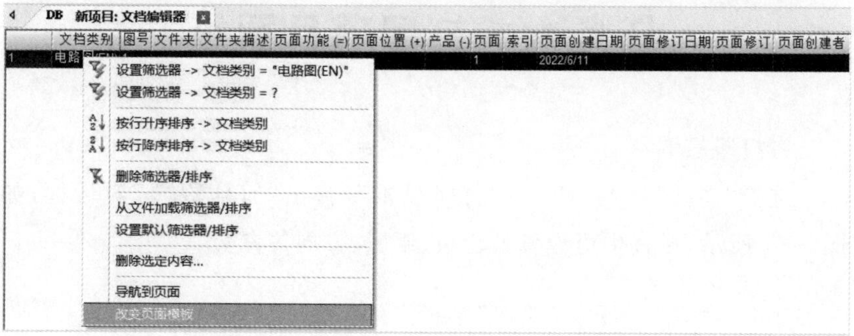

图 8-33　文档编辑器改变页面模板

　　按照上述方式,更新"工厂空调控制系统"项目电气原理图图纸页面模板,对所有电气原理图图纸使用新 logo 页面模板。

任务五　创建项目模板

　　在对整个项目属性(页面模板、图形列表模板等)设置完成后,将整个项目保存为统一的项目模板以便于标准化管理。

　　选择"文件"→"另存为"→"工作区模板"进行保存。创建新工作区时,保存的项目模板将存在于列表中。保存多个项目模板后,可根据项目需要选择合适的项目模板,如图 8-34 所示。新建的工作区将应用所有的标准页面,如需在不同的页面使用不同的标准图纸,可再更改页面模板。

图 8-34　选择工作区模板

任务六　打印项目图纸

1. 打印设置

　　选择"文件"→"打印"→"打印设置",弹出"打印设置"对话框,如图 8-35 所示,在其中可设置打印机、纸张、方向等参数。

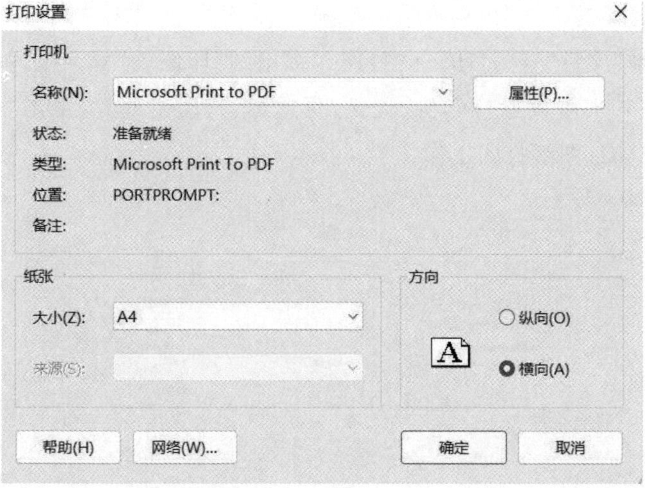

图 8-35　"打印设置"对话框

2.打印预览

选择"文件"→"打印"→"打印预览",如图 8-36 所示,可预览当前图纸。可使用"打印预览"菜单下的"放大""缩小"命令对预览图纸进行放大或缩小。单击"关闭"按钮可退出预览模式。

图 8-36　打印预览

3.定义打印范围

选择"文件"→"打印"→"定义打印范围",可只打印当前页面的某一部分,如图 8-37 所示,单击 按钮,对打印范围进行框选,设置打印范围。

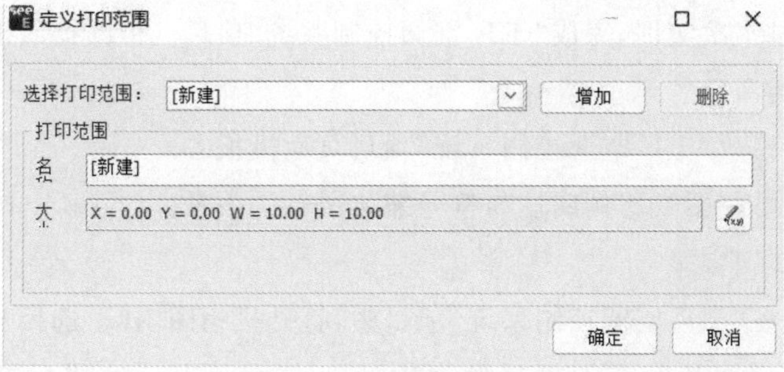

图 8-37　定义打印范围

4.打印

选择"文件"→"打印"→"打印",弹出"打印图表"对话框,如图8-38所示,在其中可设置打印机、比例/页边距、打印范围等,单击"确定"按钮,完成项目图纸打印工作。

一般电气设计理论教学很少涉及报表、接线图等工艺以及项目管理方面的内容,而这些都是实际企业项目中会用到的内容。在这个项目中,我们学习了报表、接线图、项目管理方面的内容,掌握这些内容对实际进行电气设计大有裨益。

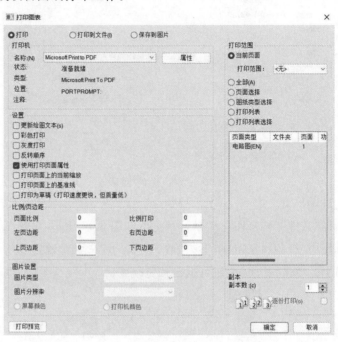

图 8-38　打印

实训任务　修改"工厂空调控制系统"项目机柜图页面模板

1.实训内容

通过本次实训,完成"工厂空调控制系统"项目机柜图页面模板。

2.实训目的

(1)修改"工厂空调控制系统"项目页面模板。

(2)掌握图纸比例属性与符号缩放属性的关系。

3.实训步骤

(1)在"工厂空调控制系统"项目中,打开机柜图图纸,选择"常规"→"插入"→"图片",在图框标题栏中插入 logo 图片。完成后如图8-39所示。

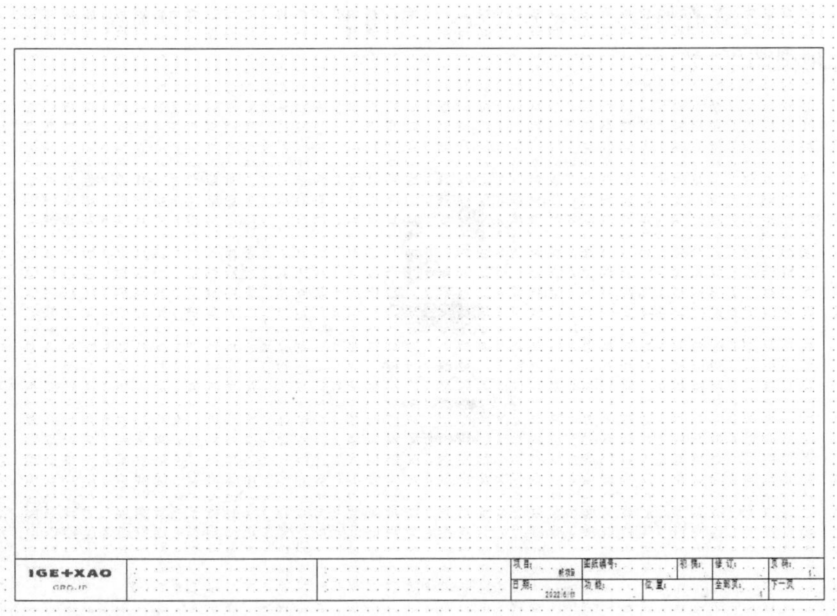

图 8-39　修改机柜图图框

（2）在机柜图图纸中，单击鼠标右键，在弹出的菜单中选择"页面属性"，弹出"属性"对话框，将"符号缩放"设置为 10.000 000，使其与"比例"值一致，如图 8-40 所示。

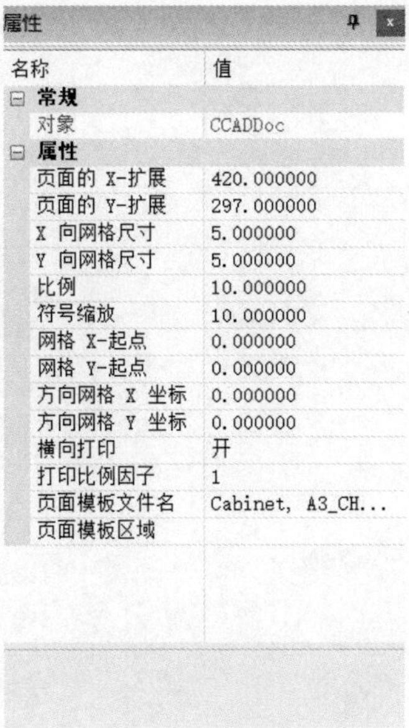

图 8-40　修改"符号缩放"属性

　　(3)保存修改后的页面模板，并应用于"工厂空调控制系统"项目机柜图图纸，如图 8-41 所示。

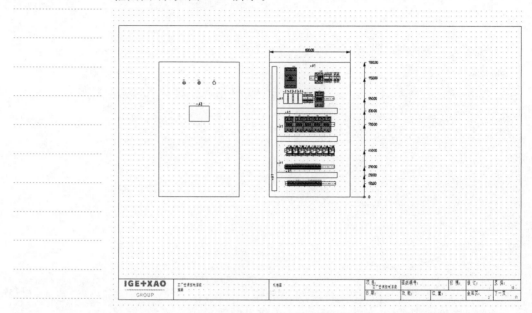

图 8-41　"工厂空调控制系统"项目机柜图图纸

项目九　项目应用拓展

项目目标

- 了解 SEE Electrical 的高级命令。
- 能够熟练运用"ETINFO""DRWINFO""CopyP""SetTypeDb"
"SetMultiTypeDb"命令进行项目的设计。
- 掌握设置默认类型数据库的方法。
- 运用自定义界面的方法建立更加符合个人使用习惯的操作环境。
- 培养自主学习意识,更好地掌握软件的使用方法,从而灵活运用。

技能重点

- 软件的高级命令。
- 设置默认类型数据库。
- 自定义界面。

任务一　使用高级命令

1.命令对话框

SEE Electrical"命令"选项卡提供各种高级命令。若该对话框不可见,选择"首页"→"视图"→"命令"将其显示。不同图纸类型下显示不同命令,如图 9-1 所示为电路图图纸类型下显示的命令。各版本 SEE Electrical 中均存在命令,但是否可用取决于许可证的级别。

图 9-1　电路图命令

命令按字母排列顺序显示,在选项卡底部的"输入命令"栏中输入命令名称,按回车可进行搜索。

命令的使用方法:双击命令,或用鼠标右键单击命令,在弹出的菜单中单击"执行命令"。

命令分组:用鼠标右键单击"命令"选项卡中的根节点,或用鼠标右键单击具体命令,在弹出的如图 9-2 或图 9-3 所示菜单中选择"新组",可新建命令组,所需的命令可粘贴到该组。

新组…		新组…
剪切命令(T)		✓ 图标大小 16x16(1)
复制命令(C)		图标大小 32x32(3)
粘贴命令		✓ 显示命令名(C)
移除命令(R)…		显示描述(D)
执行命令(E)		显示命令名,描述
		显示描述,命令名(E)
删除全部组		删除全部组

图 9-2　命令弹出菜单　　　　图 9-3　根节点弹出菜单

2.常用命令

(1)ETINFO

"ETINFO"命令用于检查工作区中所有组件的连接点是否连接,且可显示未分配给连接器或带有辅助触点组件的触点。使用"ETINFO"命令,弹出如图 9-4 所示"电气信息"对话框。

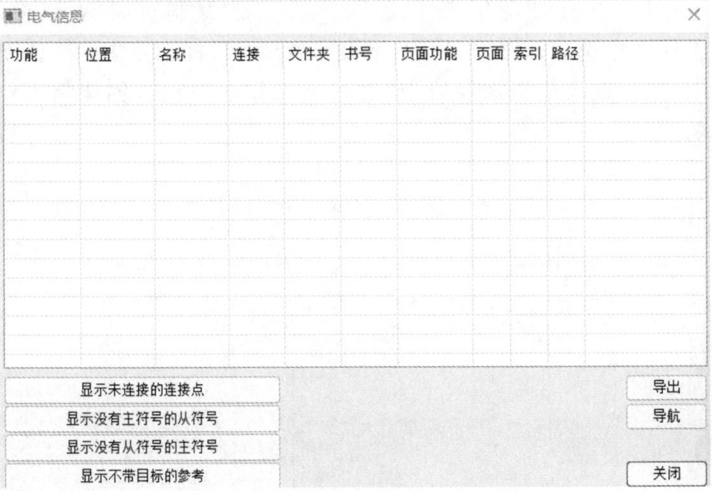

图 9-4 "电气信息"对话框

单击"显示未连接的连接点"按钮,在电气信息对话框中会列出所有的错误;单击"导航"按钮,可导航到相关图纸;单击"导出"按钮,可将错误以文件形式导出。

(2)DRWINFO

有可能发生元素被插入当前绘图区域外的情况,使用"DRWINFO"命令,弹出如图 9-5 所示"图形信息"对话框,可删除图形边界外的元素,还可通过选择"标记电气对象"标记当前图纸中具有电气属性的元素。

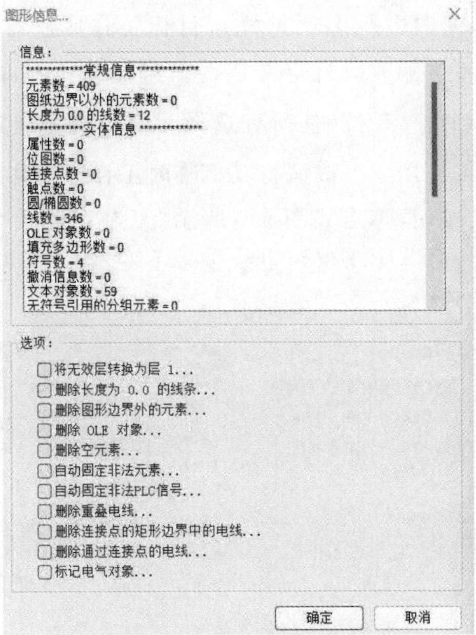

图 9-5 "图形信息"对话框

（3）CopyP

"CopyP"命令可将页面和文件夹从一个工作区复制到另一个工作区中。使用"CopyP"命令，弹出如图 9-6 所示"复制页面"对话框，在左侧源工作区中选择被复制页面工作区，在右侧目标工作区中选择被粘贴页面工作区，或者根据需要单击"创建新工作区"按钮，创建新工作区进行粘贴。

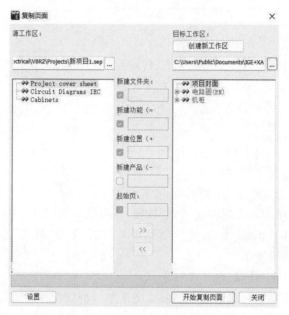

图 9-6　"复制页面"对话框

在左侧窗口中选择要进行复制的所有页面或文件夹（使用键盘中的"Ctrl"键或"Shift"键进行多项选择），目标工作区已存在页面，页头有 🔒 0001 图标，不可删改。自定义是否新建文件夹、功能、位置及产品，输入起始页码，单击 >> 按钮，所有选择元素将被复制到临时目标工作区。如果出错，可使用 >> 按钮将其从临时工作区中移除。

单击"设置"按钮，弹出如图 9-7 所示"复制页面行为"对话框，如果勾选"保留电线编号"，则将保留电线编号不变。

使用"CopyP"命令时，要关闭源工作区和目标工作区。

图 9-7　"复制页面行为"对话框

以上设置完成后,单击"开始复制页面"按钮开始复制。

(4)SetTypeDb 和 SetMultiTypeDb

SEE Electrical 中可使用不同的类型数据库,默认类型数据库为"TYPES. SES"。使用"SetTypeDb"命令,弹出如图 9-8 所示"选择类型数据库"对话框,可使用其他类型数据库。

图 9-8　"选择类型数据库"对话框(1)

单击"创建新类型"按钮,可创建一个新的类型数据库,如图 9-9 所示。

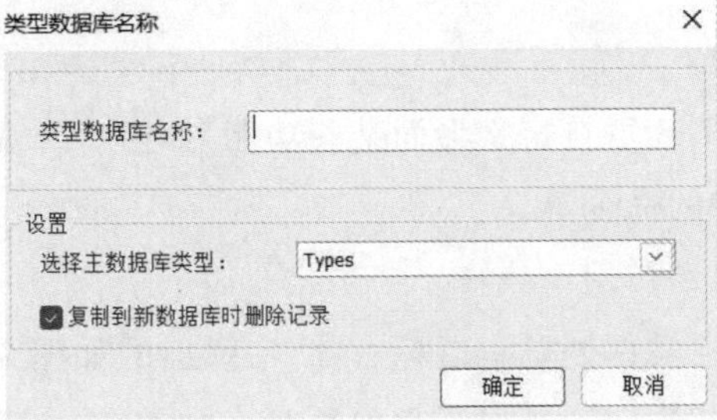

图 9-9　新建类型数据库

①类型数据库名称:新数据库的名称。

②选择主类型数据库:在下拉菜单中选择作为基础的类型数据库。

③复制到新数据库时删除记录:选择新数据库是一个空数据库还是包含主数据库。

使用"SetMultiTypeDb"命令,弹出如图 9-10 所示"选择类型数据库"对话框,可将类型数据库分配给多个工作区或一个文件夹中的所有工作区。

① :选择工作区,则该工作区被分配相同的类型数据库。

② :选择文件夹,则文件夹中所有工作区将被分配相同的类型数据库。

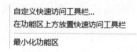

图 9-10 "选择类型数据库"对话框(2)

任务二 自定义界面

SEE Electrical 可自定义界面某些功能,如窗口外观类别和面板、快速访问工具栏中的命令等。

1. 自定义快速访问工具栏

(1)在工具栏空白处单击鼠标右键,在弹出的如图 9-11 所示菜单中选择"自定义快速访问工具栏",弹出如图 9-12 所示对话框,在"类别"栏中选择类别,"命令"栏中对应显示相应命令,选中命令,使用"添加"按钮将命令添加至右侧栏中,即 SEE Electrical 的快速面板中将增加该命令。使用"移除"按钮,可将命令从快速面板中移除。

自定义快速访问工具栏...
在功能区上方放置快速访问工具栏

最小化功能区

图 9-11   自定义快速访问工具栏菜单

(2)单击"自定义"按钮,如图 9-13 所示,弹出"自定义键盘"对话框。在"当前键"栏中可看到命令当前对应的快捷键。在右侧"新快捷键"栏中可定义新的快捷键(直接按键盘上的键),单击"分配"按钮完成分配。

2. 自定义类别

使用 SEE Electrical 安装路径下的"Customizer.exe"程序可自定义 SEE Electrical 类别及面板。

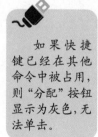

如果快捷键已经在其他命令中被占用,则"分配"按钮显示为灰色,无法单击。

图 9-12　自定义快速访问工具栏

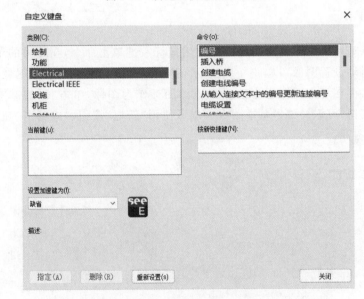

图 9-13　"自定义键盘"对话框

（1）打开 Customizer. exe 程序，单击"下一步"按钮，进入"定制器"对话框，如图 9-14 所示，为 SEE Electrical 窗口添加类别及面板，并在相应面板下添加命令。

（2）用鼠标右键单击右侧栏中的"自定义类别"，在弹出菜单中选择"添加类别"，再用鼠标右键单击，在弹出菜单中选择"添加面板"，如图 9-15 所示。在图 9-14 所示"定制器"对话框中，在"选择模块"下拉列表中选择类别，单击"载入"按钮，相应类别的命令即显示在左侧栏中，点击 >> 按钮，可将命令添加到右侧栏中。

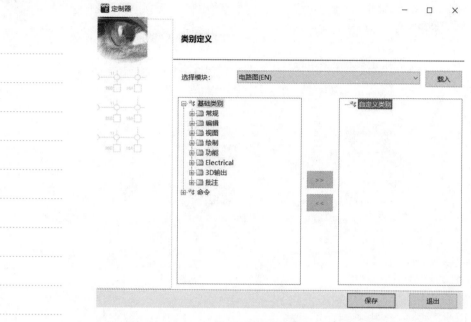

图 9-14   "定制器"对话框

（3）可为命令设置前置图标。用鼠标右键单击命令，在弹出的菜单中选择"设置图像"，如图 9-16 所示，弹出如图 9-17 所示"选择图像"对话框，可在下方图标栏中选择合适的图标作为图标，单击"添加基本图像"按钮，可添加更多基本图像。也可使用"新建"按钮、"编辑"按钮，自定义图标。

图 9-15   自定义添加类别和面板   图 9-16   给命令设置图像

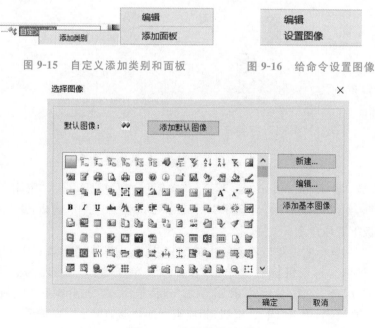

图 9-17   选择图像对话框

在这个项目中，我们学习了一些高级命令的使用方法及自定义界面的方法。这些高级命令在绘图过程中可能会使用到，而自定义界面可以建立更加符合个人使用习惯的操作环境。掌握这部分内容有利于更加全面地了解 SEE Electrical，更好地利用 SEE Electrical 进行电气项目设计。

实训任务　自定义"工厂空调控制系统"项目报表面板界面

1. 实训内容

通过本次实训,自定义报表面板界面。

2. 实训目的

(1)掌握自定义界面的方法。

(2)更加灵活地使用软件。

3. 实训步骤

(1)打开 Customizer.exe 程序,单击"下一步"按钮,进入"定制器"对话框。

(2)如图 9-18 所示,在右侧"自定义类别"节点添加类别及面板。其中类别名称为"报表",面板名称为"报表处理"。从"选择模块"下拉列表中选择"常规"类别,单击"载入"按钮,在"命令"菜单下选择"DL"命令添加至右侧面板节点下,用鼠标右键单击右侧"DL"命令,设置名称为"删除所有报表"。

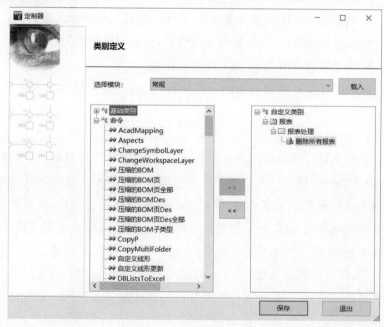

图 9-18　"定制器"对话框

(3)用鼠标右键单击"删除所有报表",在弹出的菜单中选择"设置图像",在弹出的"选择图像"对话框中选择 📇 作为图标。

(4)设置完成保存后,重新启动 SEE Electrical,检验标题栏中是否已添加"删除所有报表"命令。

项目十 "工厂空调控制系统"项目实例

项目目标

- 了解企业实际项目中图纸的组成。
- 了解工程的相关知识,掌握工程图纸的组成。
- 能够熟练运用各项指令操作,系统地完成工程图纸的绘制。
- 采取小组合作学习,提高学习效率,增强团队凝聚力。
- 通过工程图纸绘制,提升综合运用能力。
- 绘图过程中遵循图纸的规范性及严谨性,追求精益求精的工作态度。

在电气设计相关课程的教学中,一般只介绍电气原理图,然而在企业实际项目中,只有电气原理图往往无法满足实际项目实施的需要,所以本书以来源于企业实际项目的"工厂空调控制系统"项目为背景,介绍电气图纸各组成部分,讲解各部分的实际功能,借助企业电气设计项目真实经验,帮助大家快速掌握电气工程制图技能。

"工厂空调控制系统"项目是典型的通过 PLC 控制负载电动机、电加热启停的项目。其中,电动机控制使用了断路器、接触器、热继电器、变频器等元器件,以保证电动机安全、高效地运行;控制回路通过 PLC 程序控制电动机、电加热的启停,以及负载状态指示、故障指示、报警急停等。

对于电气工程图来说,缺少任何一部分都不是完整的项目图纸,会直接影响项目实施的进度和效率。"工厂空调控制系统"项目的电气工程图包括封面、目录、电气原理图、清单图表、机柜布局图等部分。其中,原理图包括主回路原理图、控制回路原理图、PLC 总览图、PLC 原理图等,图纸条理分明、信息完备、干净易读;清单图表为自动生成,在保证准确率的同时,可将设计者从大量的复性工作中解脱出来,清单图表可协助物料采购、安装、接线、调试,保证项目顺利开展;机柜布局图直接调用元件尺寸数据库中的元件尺寸,可在节约时间的同时保证项目的严谨性。图纸条理分明、信息完备、干净易读。

"工厂空调控制系统"项目电气工程图如图 10-1~图 10-29 所示。

图 10-1　电气工程图 (1)

文档列表

功能 (=)	位置 (+)	页码	文档类型	说 明	修 订 日 期
			项目封面	工厂空调控制系统	
		1	文档列表	目录	
		2	电路图(EN)	进线回路	
		3	电路图(EN)	主控回路	
		4	电路图(EN)	电加热回路	
		5	电路图(EN)	控制回路	
		6	电路图(EN)	PLC总览图	
		7	电路图(EN)	PLC输入回路	
		8	电路图(EN)	PLC输出回路	
		9	机柜	机柜图	
		10	备件列表	备件列表	
		11	备件列表	备件列表	
		12	备件列表	备件列表	
		13	备件列表	备件列表	
		14	端子矩阵	-EX1	
		15	端子矩阵	-EX1	
		16	端子矩阵	-EX2	
		17	端子矩阵	-EX3	
		18	端子矩阵	-EX3	
		19	电缆端子排平面图	电缆端子排平面图	
		20	电缆端子排平面图	电缆端子排平面图	
		21	产品接线图	产品接线图	
		22	产品接线图	产品接线图	
		23	产品接线图	产品接线图	
		24	产品接线图	产品接线图	
		25	产品接线图	产品接线图	
		26	产品接线图	产品接线图	
		27	产品接线图	产品接线图	
		28	产品接线图	产品接线图	

IGE+XAO
GROUP

| 工厂空调控制系统 实训 | | | | 目录 | |

项目: 工厂空调控制系统　图纸编号:　修订: 初稿
日期: 2022/6/1　页码: 1

图 10-2　电气工程图 (2)

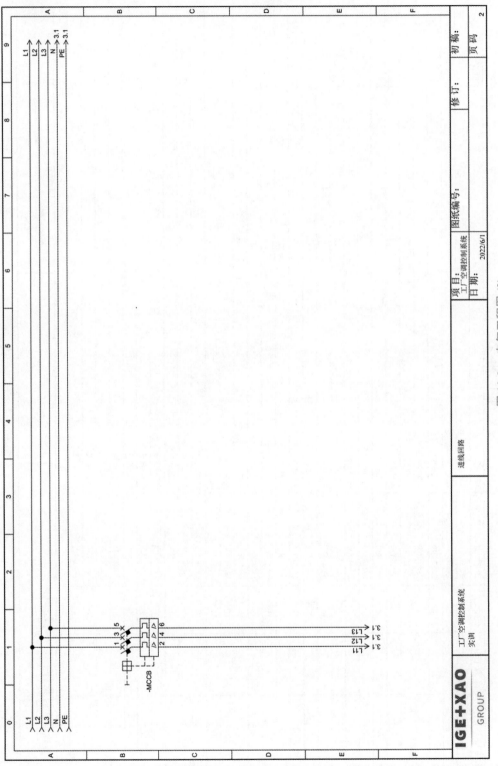

图 10-3　电气工程图 (3)

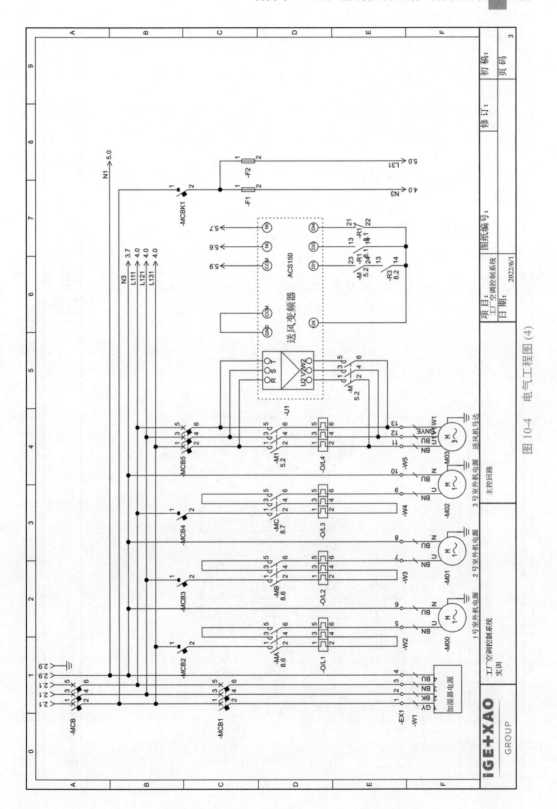

图 10-4 电气工程图 (4)

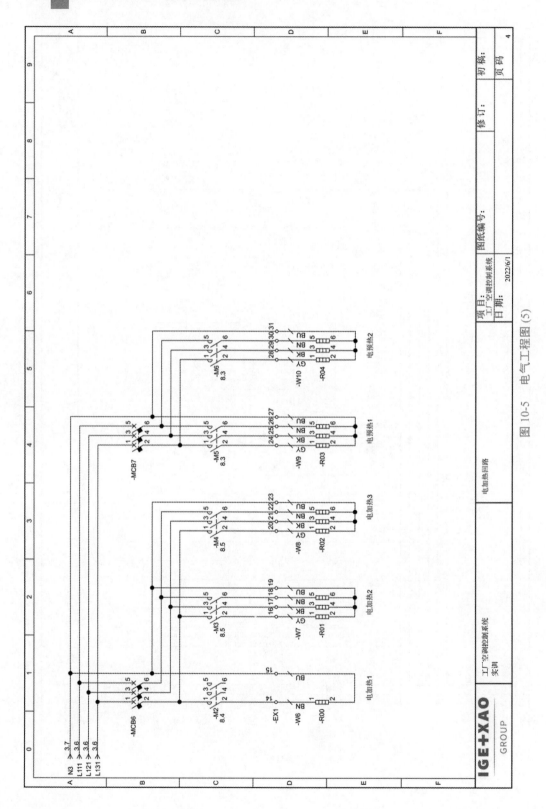

图 10-5　电气工程图 (5)

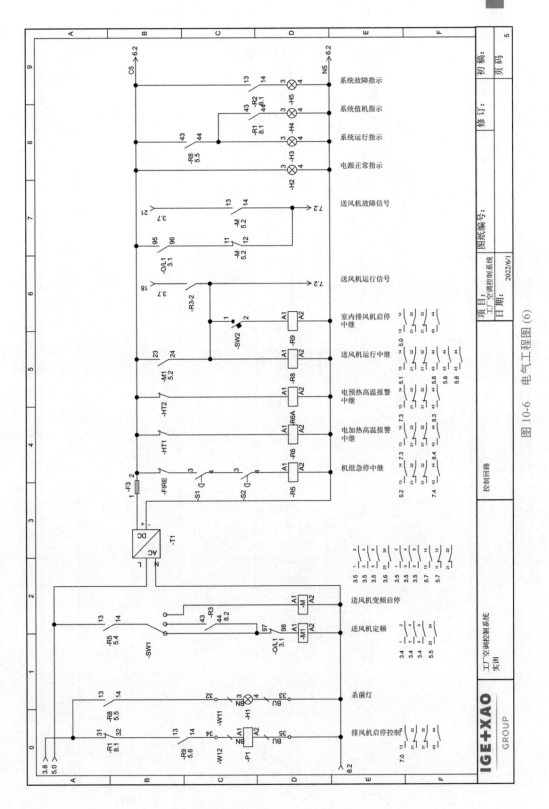

图 10-6 电气工程图 (6)

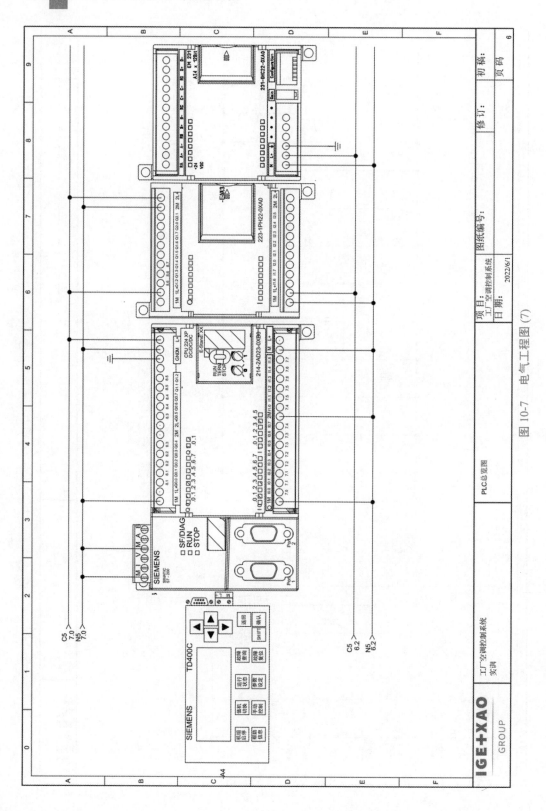

图 10-7　电气工程图 (7)

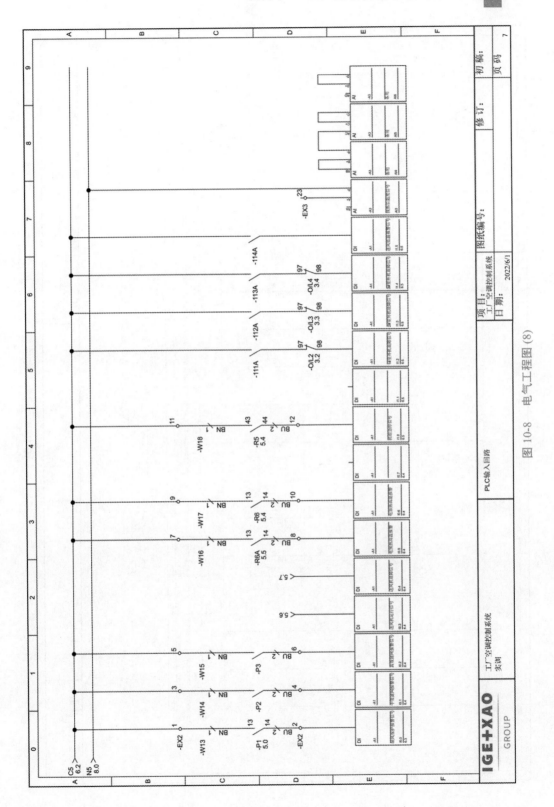

图 10-8　电气工程图 (8)

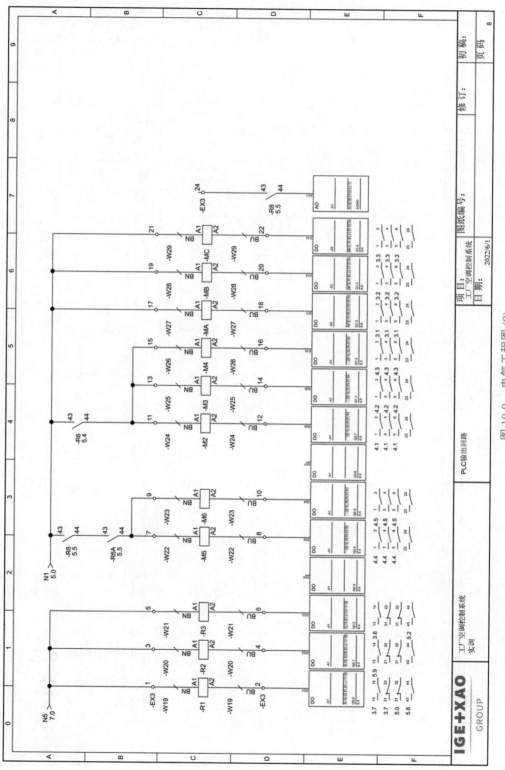

图 10-9　电气工程图 (9)

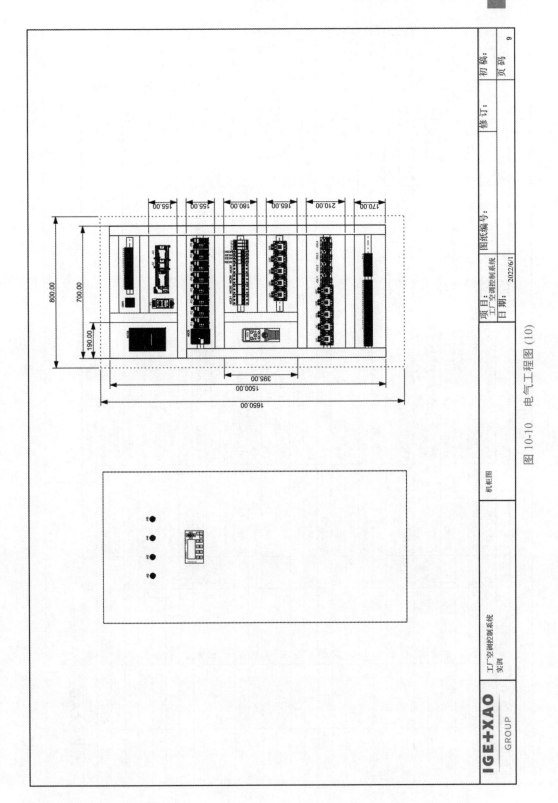

图 10-10 电气工程图 (10)

备件列表

功能 (=)	位置 (+)	名称 (-)	数量	类型	供应商	说明	EAN 13	制造商
		-A1	1	6ES7 214-2BD23-0XB8	SIEMENS	中央处理器S7-200 CPU 224XP		西门子
		-A2	1	CTS7 223-1HF32	SIEMENS	数字混合模块 EM223		
		-A3	1	CTS7 231-OHC32	SIEMENS	模拟扩展模块 EM231		
		-A4	1	TD400C	SIEMENS	控制屏		
		-EX1	35	M 10/10	ABB	feed through		ABB
		-EX2	12	M 10/10	ABB	feed through		ABB
		-EX3	22	M 10/10	ABB	feed through		ABB
		-F1	1	RT28-32/2A	正泰	2A		
		-F1	1	RT28N-32/1P	正泰	1极底座		
		-F2	1	RT28-32/2A	正泰	2A		
		-F2	1	RT28N-32/1P	正泰	1极底座		
		-F3	1	RT28N-32/1P	正泰	1极底座		
		-F3	1	RT28-32/2A	正泰	2A		
		-H1	1	C L-502Y	ABB	黄色,24V AC/DC		
		-H2	1	C L-502Y	ABB	黄色,24V AC/DC		
		-H3	1	C L-502G	ABB	绿色,24V AC/DC		
		-H4	1	C L-502Y	ABB	黄色,24V AC/DC		
		-H5	1	C L-502R	ABB	红色,24V AC/DC		
		-M	1	S-T21BC 220V	MITSUBISHI	交流接触器		
		-M	1	3TB4012	demo	Coil 1NO+2NC		
		-M00	1	193-BC1	ROCKWELL	ADJUSTMENT COVER FOR MOTOR PROTECTION RELAY 193-T		
		-M01	1	193-BC1	ROCKWELL	ADJUSTMENT COVER FOR MOTOR PROTECTION RELAY 193-T		
		-M1	1	S-T21BC 220V	MITSUBISHI	交流接触器		
		-M02	1	193-BC1	ROCKWELL	ADJUSTMENT COVER FOR MOTOR PROTECTION RELAY 193-T		
		-M2	1	S-T21BC 220V	MITSUBISHI	交流接触器		
		-M03	1	193-BC3	ROCKWELL	CURRENT SETTING PROTECTION COVER FOR MOTOR PROTECT		
		-M3	1	S-T21BC 220V	MITSUBISHI	交流接触器		
		-M4	1	S-T21BC 220V	MITSUBISHI	交流接触器		
		-M5	1	S-T21BC 220V	MITSUBISHI	交流接触器		
		-M6	1	S-T21BC 220V	MITSUBISHI	交流接触器		

IGE+XAO GROUP

工厂空调控制系统 实训 | 备件列表

项目：工厂空调控制系统 图纸编号： 初稿：

日期：2022/6/1 修订：

页码 10

图10-11 电气工程图 (11)

备件列表

功能 (=)	位置 (+)	名称 (-)	数量	类型	供应商	说明	EAN 13	制造商
		-MA	1	S-T21BC 220V	MITSUBISHI	交流接触器		
		-MB	1	S-T21BC 220V	MITSUBISHI	交流接触器		
		-MC	1	S-T21BC 220V	MITSUBISHI	交流接触器		
		-MCB	1	NG125N-3P-80A-D	Schneider	3P MCB, D characteristic		MERLIN GERIN
		-MCB1	1	C65H-C32A/3P	Schneider	In=32A,额定电压400V,分断能力10kA		
		-MCB2	1	C65H-C32A/1P	Schneider	In=32A,额定电压230V,分断能力10kA		
		-MCB3	1	C65H-C32A/1P	Schneider	In=32A,额定电压230V,分断能力10kA		
		-MCB4	1	C65H-C32A/1P	Schneider	In=32A,额定电压230V,分断能力10kA		
		-MCB5	1	C65H-C16A/3P	Schneider	In=16A,额定电压230V,分断能力10kA		
		-MCB6	1	C65H-D20A/3P	Schneider	In=20A,额定电压400V		
		-MCB7	1	C65H-C20A/3P	Schneider	In=20A,额定电压400V,分断能力10kA		
		-MCBK1	1	C65H-D10A/1P	Schneider	In=10A,额定电压230V		
		-MCCB	1	MS495-100	ABB	Motor circ. Breaker MS450		ABB
		-O/L1	1	TH-N20KP	MITSUBISHI	热继电器		
		-O/L2	1	TH-N20KP	MITSUBISHI	热继电器		
		-O/L3	1	TH-N20KP	MITSUBISHI	热继电器		
		-O/L4	1	TH-N20KP	MITSUBISHI	热继电器		
		-P1	1	3TH20220AM0	SIEMENS	MINI AUXILIARY CONTACTOR 2NONC 220V 50Hz		
		-R1	1	3TH20220AM0	SIEMENS	MINI AUXILIARY CONTACTOR 2NONC 220V 50Hz		
		-R2	1	3TH20220AM0	SIEMENS	MINI AUXILIARY CONTACTOR 2NONC 220V 50Hz		
		-R3	1	3TH20220AM0	SIEMENS	MINI AUXILIARY CONTACTOR 2NONC 220V 50Hz		
		-R5	1	3TH20220AM0	SIEMENS	MINI AUXILIARY CONTACTOR 2NONC 220V 50Hz		
		-R6	1	3TH20220AM0	SIEMENS	MINI AUXILIARY CONTACTOR 2NONC 220V 50Hz		
		-R6A	1	3RH1911-1AA10	SIEMENS	ADD-ON 1NO		
		-R8	2	3TH20220AM0	SIEMENS	MINI AUXILIARY CONTACTOR 2NONC 220V 50Hz		
		-R8	1	3TH20220AM0	SIEMENS	MINI AUXILIARY CONTACTOR 2NONC 220V 50Hz		
		-R9	1	3TH20220AM0	SIEMENS	MINI AUXILIARY CONTACTOR 2NONC 220V 50Hz		
		-S1	1	XB2BS142C	Schneider	急停按钮,钥匙复位,红色,蘑菇头直径40mm，1NC		
		-S2	1	XB2BS142C	Schneider	急停按钮,钥匙复位,红色,蘑菇头直径40mm，1NC		
		-SW1	1	ONW3PB	ABB	3P - Change-over Switch		ABB

工厂空调控制系统实训	备件列表	项目: 工厂空调控制系统	图纸编号:	初稿:	修订:
IGE+XAO GROUP		日期: 2022/6/1	页码: 11		

图 10-12 电气工程图 (12)

备件列表

功能 (=)	位置 (+)	名称 (-)	数量	类型	供应商	说明	EAN 13	制造商
		-T1	1	S8VS-12024A	OMRON	开关电源		
		-U1	1	ACS150	ABB	变频器		
		-U28	1	ACS150	ABB	变频器		
		-W1	0	5G1.5	CABLES	MULTICONDUCTOR CABLE GENERIQUE		
		-W2	0	3G1.5	CABLES	MULTICONDUCTOR CABLE GENERIQUE		
		-W3	0	3G1.5	CABLES	MULTICONDUCTOR CABLE GENERIQUE		
		-W4	0	3G1.5	CABLES	MULTICONDUCTOR CABLE GENERIQUE		
		-W5	0	3G1.5	CABLES	MULTICONDUCTOR CABLE GENERIQUE		
		-W6	0	3G1.5	CABLES	MULTICONDUCTOR CABLE GENERIQUE		
		-W7	0	5G1.5	CABLES	MULTICONDUCTOR CABLE GENERIQUE		
		-W8	0	5G1.5	CABLES	MULTICONDUCTOR CABLE GENERIQUE		
		-W9	0	5G1.5	CABLES	MULTICONDUCTOR CABLE GENERIQUE		
		-W10	0	5G1.5	CABLES	MULTICONDUCTOR CABLE GENERIQUE		
		-W11	0	3G1.5	CABLES	MULTICONDUCTOR CABLE GENERIQUE		
		-W12	0	3G1.5	CABLES	MULTICONDUCTOR CABLE GENERIQUE		
		-W13	0	3G1.5	CABLES	MULTICONDUCTOR CABLE GENERIQUE		
		-W14	0	3G1.5	CABLES	MULTICONDUCTOR CABLE GENERIQUE		
		-W15	0	3G1.5	CABLES	MULTICONDUCTOR CABLE GENERIQUE		
		-W16	0	3G1.5	CABLES	MULTICONDUCTOR CABLE GENERIQUE		
		-W17	0	3G1.5	CABLES	MULTICONDUCTOR CABLE GENERIQUE		
		-W18	0	3G1.5	CABLES	MULTICONDUCTOR CABLE GENERIQUE		
		-W19	0	3G1.5	CABLES	MULTICONDUCTOR CABLE GENERIQUE		
		-W20	0	3G1.5	CABLES	MULTICONDUCTOR CABLE GENERIQUE		
		-W21	0	3G1.5	CABLES	MULTICONDUCTOR CABLE GENERIQUE		
		-W22	0	3G1.5	CABLES	MULTICONDUCTOR CABLE GENERIQUE		
		-W23	0	3G1.5	CABLES	MULTICONDUCTOR CABLE GENERIQUE		
		-W24	0	3G1.5	CABLES	MULTICONDUCTOR CABLE GENERIQUE		
		-W25	0	3G1.5	CABLES	MULTICONDUCTOR CABLE GENERIQUE		
		-W26	0	3G1.5	CABLES	MULTICONDUCTOR CABLE GENERIQUE		
		-W27	0	3G1.5	CABLES	MULTICONDUCTOR CABLE GENERIQUE		

图 10-13　电气工程图 (13)

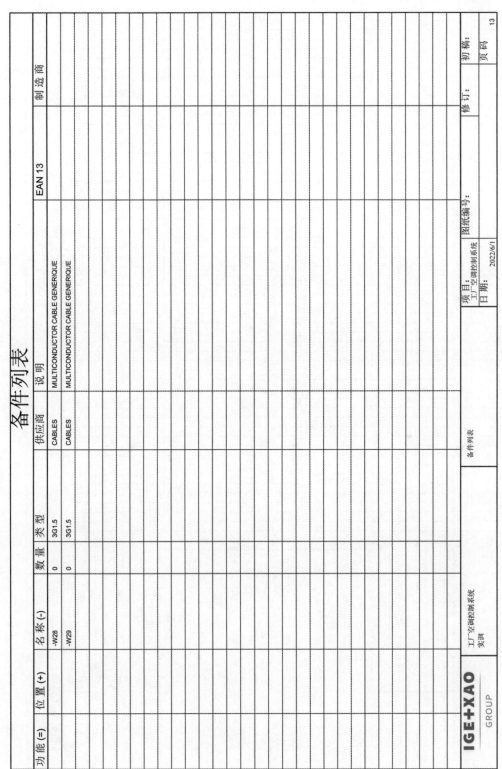

图 10-14 电气工程图 (14)

端子排: -EX1

端子矩阵

连接2	端子编号	连接1		
-MCB1:2	1	-G1:1		GYBKBNBU
-MCB1:4	2	-G1:2		
-MCB1:6	3	-G1:3		
-R5:13	4	-G1:4		BNBU
-O/L1:6	5	-M00:U		
	6	-M00:N		BNBU
-O/L2:6	7	-M01:U		
	8	-M01:N		BN
-O/L3:6	9	-M02:U		BNBU
-F1:2	10	-M02:N		
-M2	11	-M03:U1		BUGNYE
-O/L4:2 / -M4	12	-M03:V1		
-O/L4:4 / -M6	13	-M03:W1		
-O/L4:6 / -M2:2	14	-R00:1		BNBU
	15	-R00:2		
-M3:2	16	-R01:1		GY BKBNBU
-M3:4	17	-R01:3		
-M3:6	18	-R01:5		
	19	-R01:6		GY BKBNBU
-M4:2	20	-R02:1		
-M4:4	21	-R02:3		
-M4:6	22	-R02:5		GY BKBNBU
	23	-R02:6		
-M5:2	24	-R03:1		
-M5:4	25	-R03:3		
-M5:6	26	-R03:5		GYBKBNBU
	27	-R03:6		

注释　路径　页码　电缆名称　电缆类型

端子矩阵

-EX1

电缆名称	电缆类型
-W1	5G1.5
-W2	3G1.5
-W3	3G1.5
-W4	3G1.5
-W5	3G1.5
-W6	5G1.5
-W7	5G1.5
-W8	5G1.5
-W9	5G1.5

注释　电缆名称　电缆类型

| IGE+XAO | 工厂空调控制系统 | -EX1 | 项目: 工厂空调控制系统 | 图纸编号: | 初稿: |
| GROUP | 实训 | 端子矩阵 | 日期: 2022/6/1 | 页码 | 修订: |

电缆

图 10-15　电气工程图 (15)

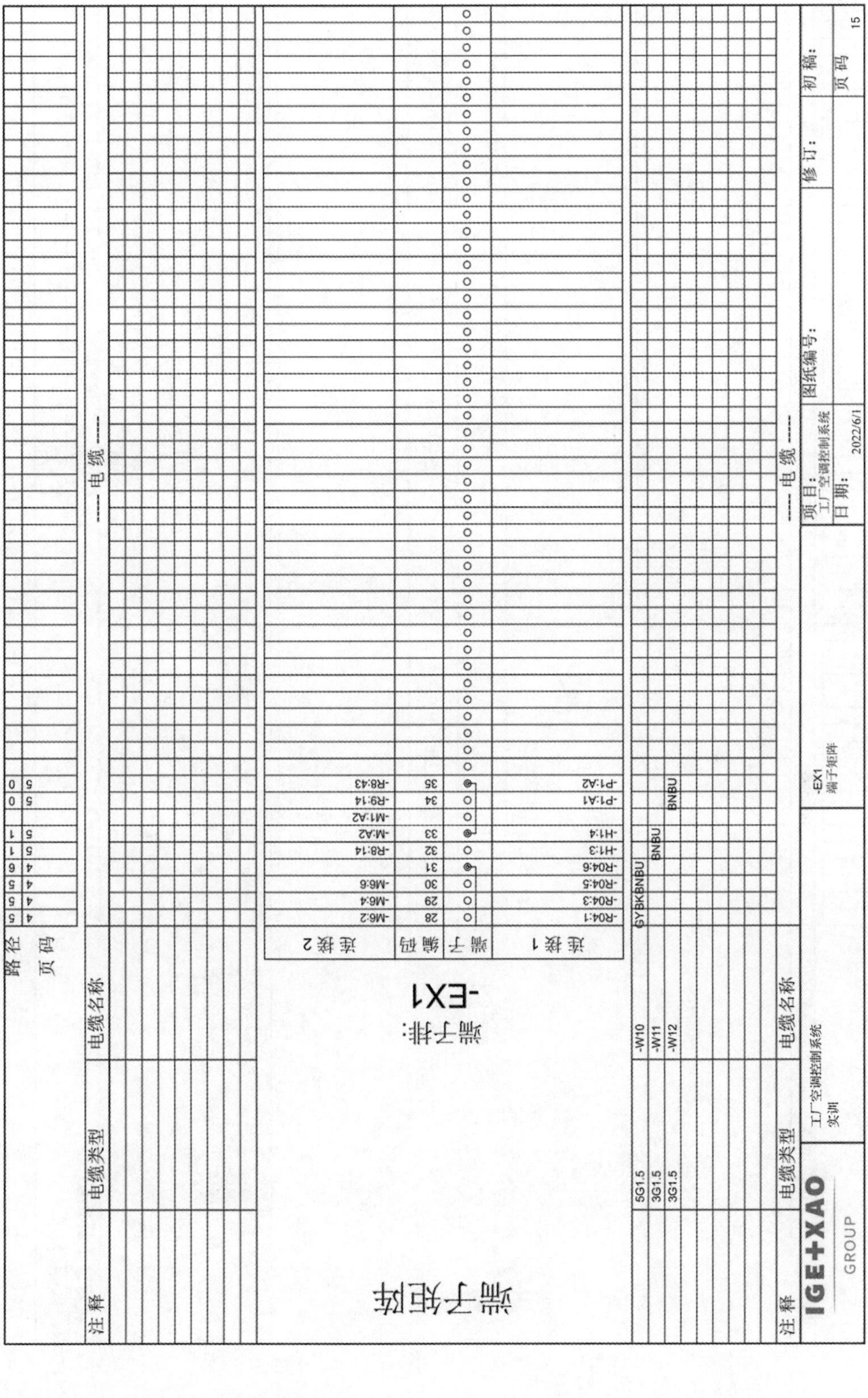

注释	路径 页码	电缆类型	电缆名称	电缆		目标 2	端子编号	目标 1	电缆	电缆名称	电缆类型	注释
						-R8:43	35	-P1:A2				
	5 0					-R9:14	34	-P1:A1				
	5 0					-M1:A2		BNBU				
	5 1					-M2:A2	33	-H1:4				
	5 1					-R8:14	32	-H1:3	BNBU			
	4 6					-R04:6	31	BKBNBU	GY			
	4 5					-M6:6	30	-R04:5				
	4 5					-M6:4	29	-R04:3				
						-M6:2	28					

-EX1 端子排

端子矩阵

项目：工厂空调控制系统
日期：2022/6/1
图纸编号：
初稿：
修订：
页码　15

-EX1 端子矩阵

注释	电缆类型	电缆名称
	5G1.5	-W10
	3G1.5	-W11
	3G1.5	-W12

工厂空调控制系统 实训

IGE+XAO GROUP

图 10-16　电气工程图（16）

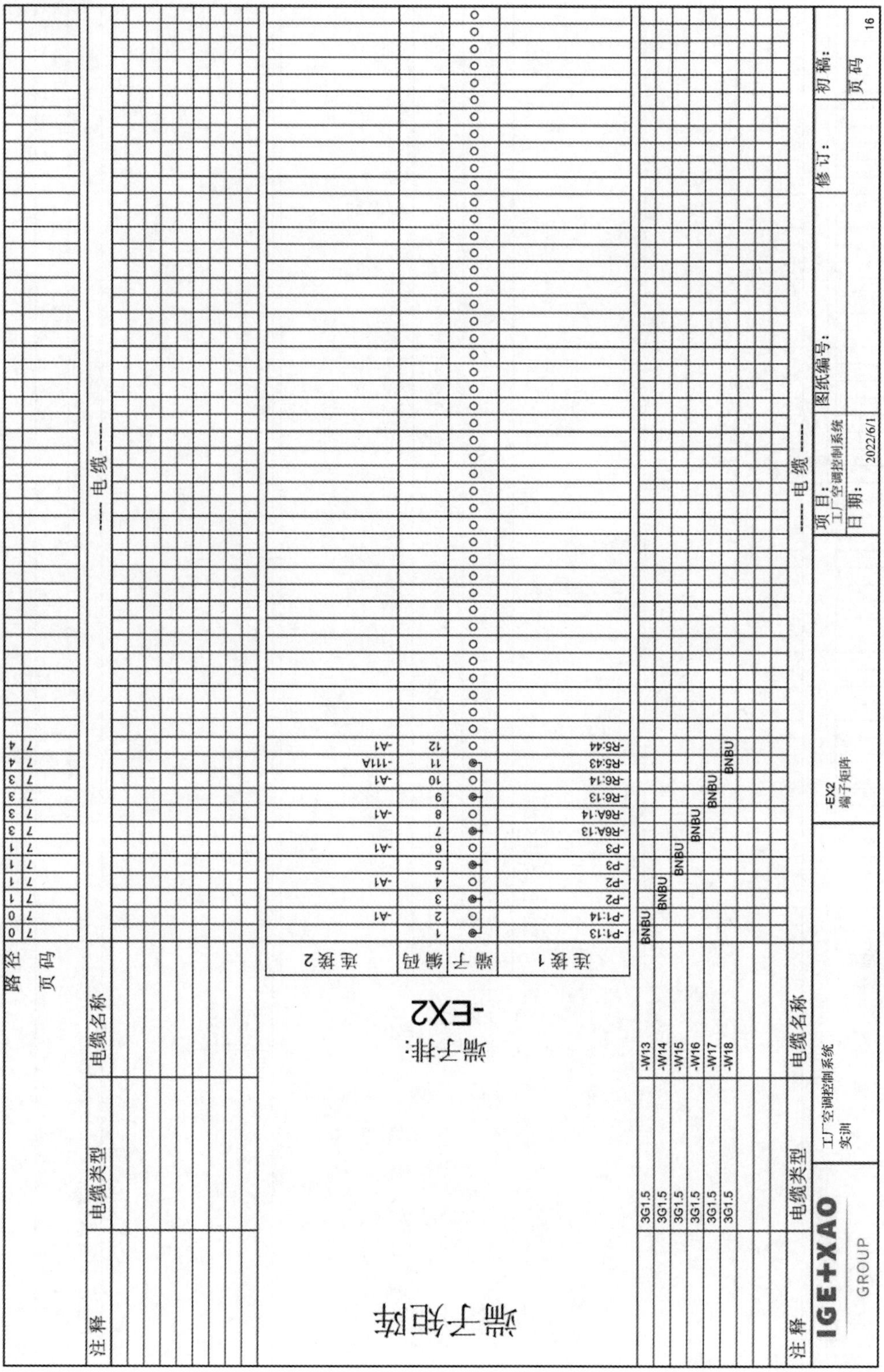

电缆

注释	路径页码	电缆名称	电缆类型		连接2	测子编号	连接1		电缆名称	电缆类型	注释
	0　7				-A1	1	-P1:13				
	1　7				-A1	2	-P1:14				
	1　7				-A1	3	-P2				
	1　7				-A1	4	-P2				
	1　7				-A1	5	-P3				
	1　7				-A1	6	-P3				
	3　7				-A1	7	-R6A:13				
	3　7				-A1	8	-R6A:14				
	3　7				-A1	9	-R6:13				
	3　7				-A1	10	-R6:14				
	4　7				-111A	11	-R5:43				
	4　7				-A1	12	-R5:44				

-EX2

端子矩阵

			3G1.5	-W13				BNBU			
			3G1.5	-W14				BNBU			
			3G1.5	-W15				BNBU			
			3G1.5	-W16				BNBU			
			3G1.5	-W17				BNBU			
			3G1.5	-W18				BNBU			

IGE+XAO GROUP

项目：工厂空调控制系统
工厂空调控制系统 实训
图纸编号：
日期：2022/6/1
-EX2 端子矩阵
初稿：
修订：
页码：
16

图 10-17　电气工程图 (17)

电缆

电缆

接线2 | 接线1 | 端子编号

接线2	端子编号		接线1	路径/页码
-MA:A2	-A2:D11	18		8 6
-MA:A1	-R6:43	17		8 6
-M4:A2	-A1:DO10	16		8 5
-M4:A1		15		8 5
-M3:A2	-A1:DO9	14		8 5
-M3:A1		13		8 4
-M2:A2	-A1:DO8	12		8 4
-M2:A1	-R6:44	11		8 4
-M6:A2	-A1:DO6	10		8 3
-M6:A1		9		8 3
-M5:A2	-A1:DO5	8		8 3
-R6A:A1	-R6A:44	7		8 2
-R3:A2	-A1:DO3	6		8 2
-R3:A1		5		8 1
-R2:A2	-A1:DO2	4		8 1
-R2:A1		3		8 1
-R1:A2	-A1:DO1	2		8 1
-R1:M	-A1:A1	1		8 1

端子排: -EX3

端子排

电缆类型 | 电缆名称 | | 电缆类型 | 电缆名称

电缆类型	电缆名称
3G1.5	-W19
3G1.5	-W20
3G1.5	-W21
3G1.5	-W22
3G1.5	-W23
3G1.5	-W24
3G1.5	-W25
3G1.5	-W26
3G1.5	-W27

BNBU

注释

注释

工厂空调控制系统 实训

IGE+XAO GROUP

项目:	工厂空调控制系统
日期:	2022/6/1
图纸编号:	
-EX3 端子矩阵	
修订:	
初稿:	
页码:	
页码	17

图 10-18 电气工程图 (18)

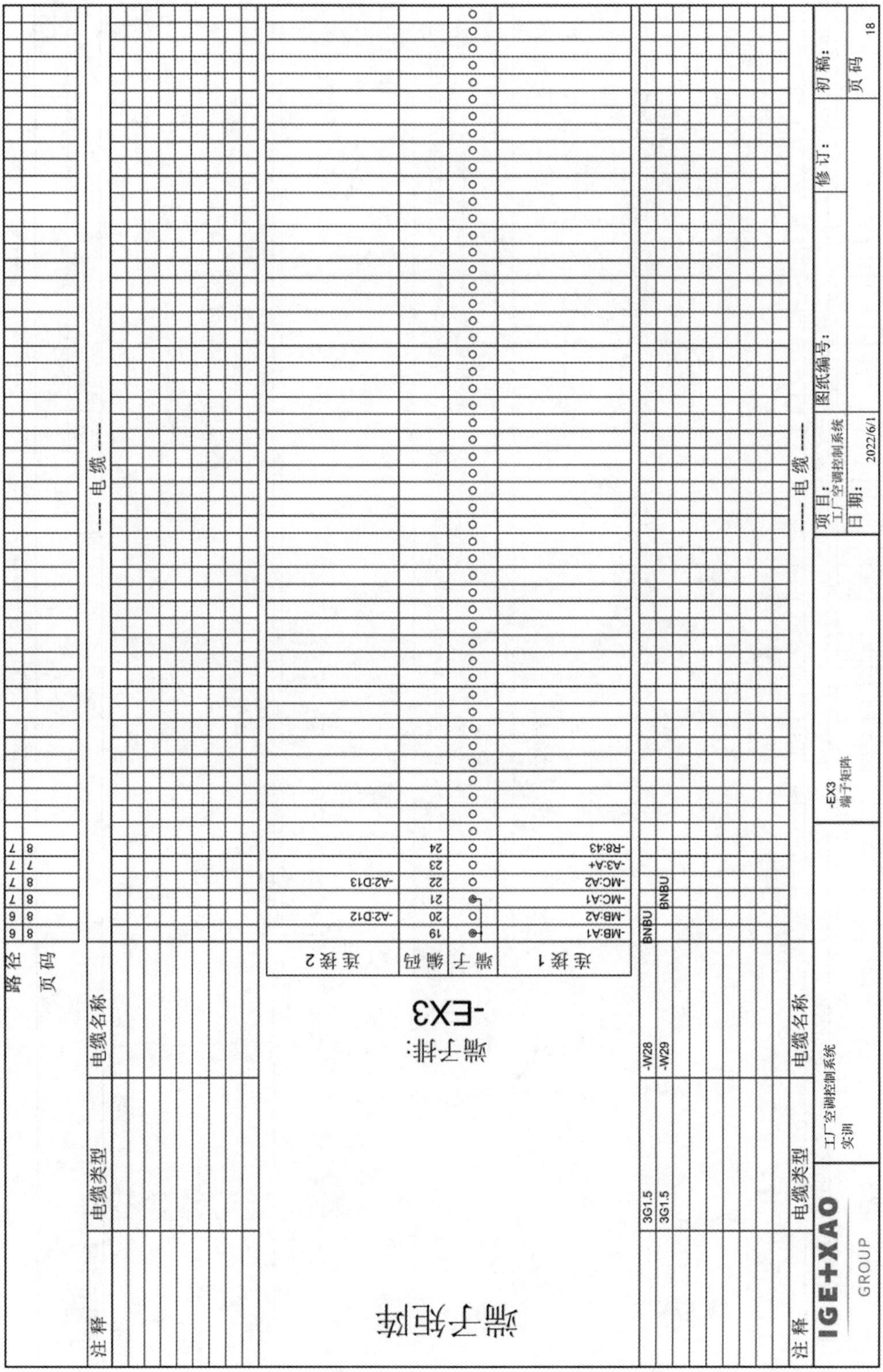
端子矩阵
端子排:
-EX3
路径
页码
注释
电缆类型
电缆名称
—— 电缆 ——
连接2
端子编码
端子
连接1
-MB:A1
-MB:A2
-MC:A1
-MC:A2
-A3:A+
-R8:43
-A2:D12
-A2:D13
19
20
21
22
23
24
BNBU
BNBU
3G1.5
3G1.5
-W28
-W29
IGE+XAO
GROUP
工厂空调控制系统
实训
-EX3
端子矩阵
项目:
工厂空调控制系统
日期:
2022/6/1
图纸编号:
修订:
初稿:
页码
18

图 10-19 电气工程图(19)

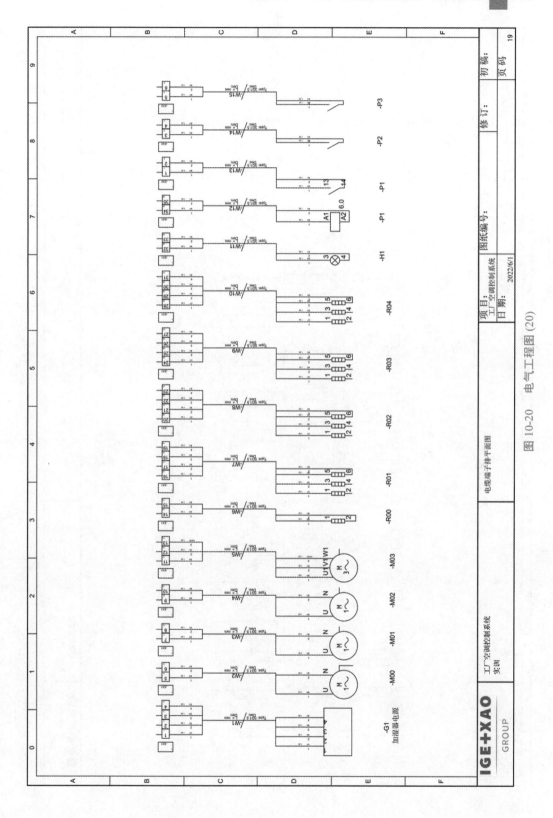

图 10-20 电气工程图(20)

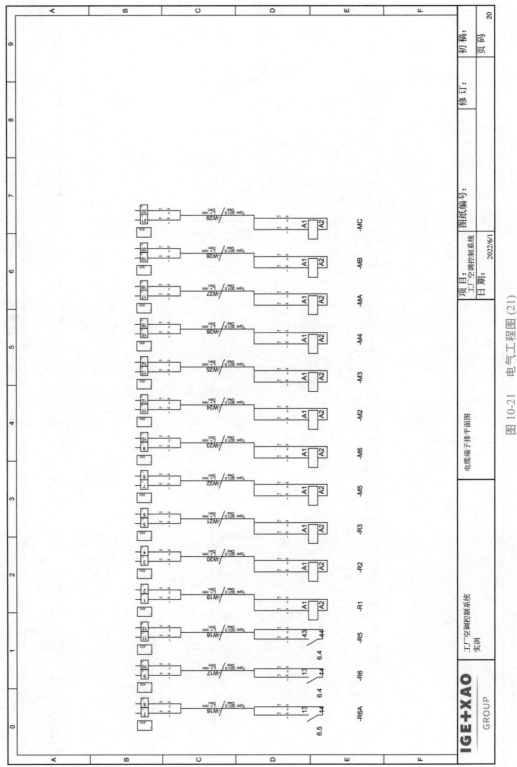

图 10-21　电气工程图 (21)

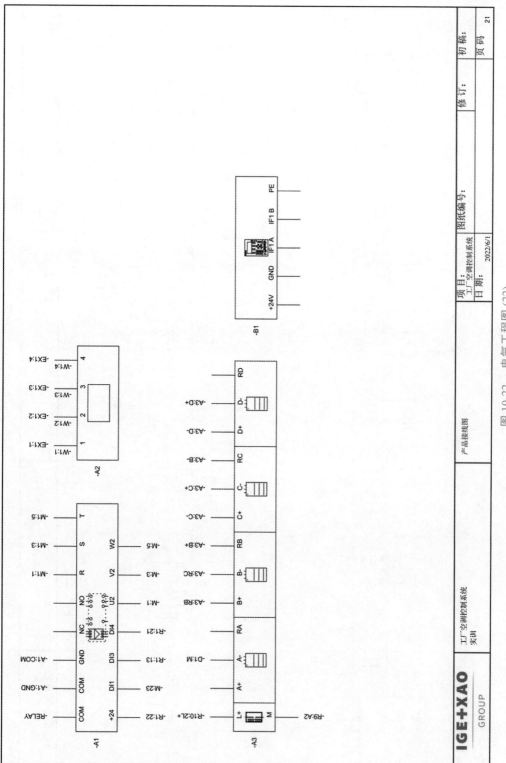

图 10-22 电气工程图 (22)

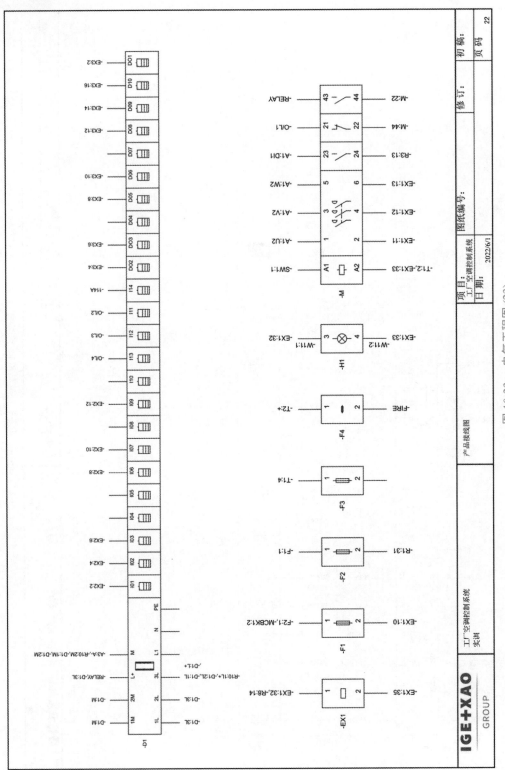

图 10-23　电气工程图 (23)

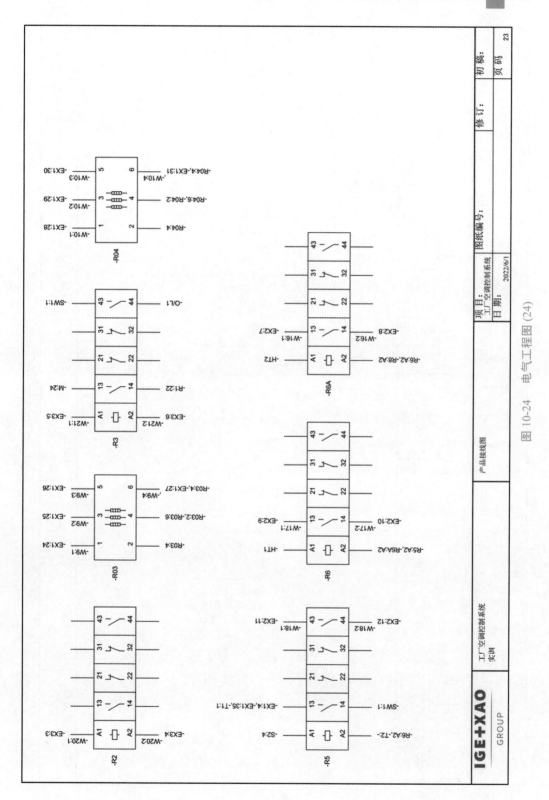

图 10-24 电气工程图 (24)

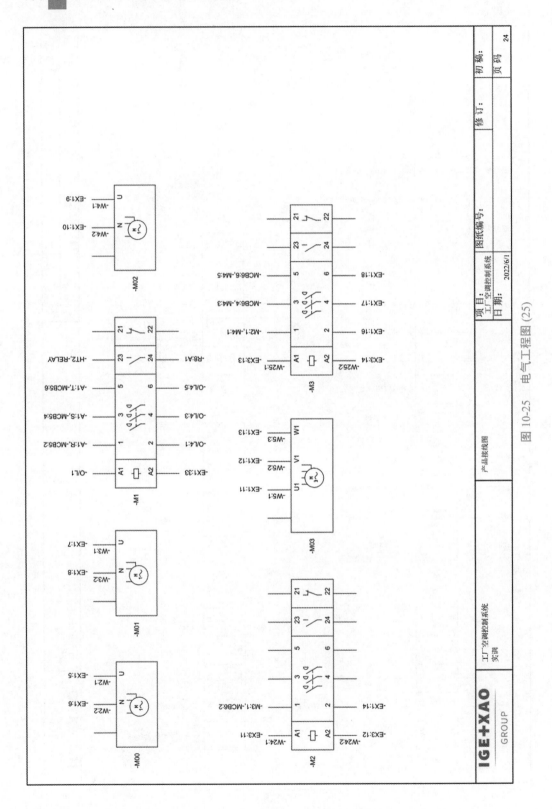

图 10-25　电气工程图 (25)

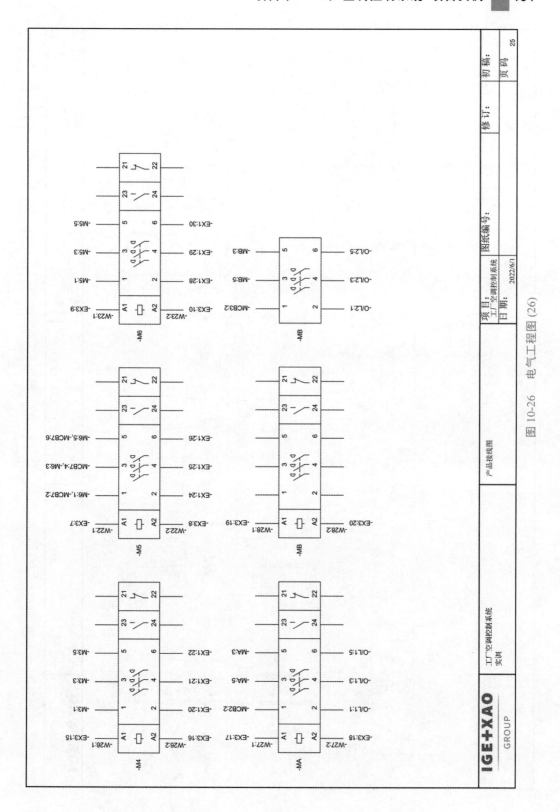

图 10-26 电气工程图 (26)

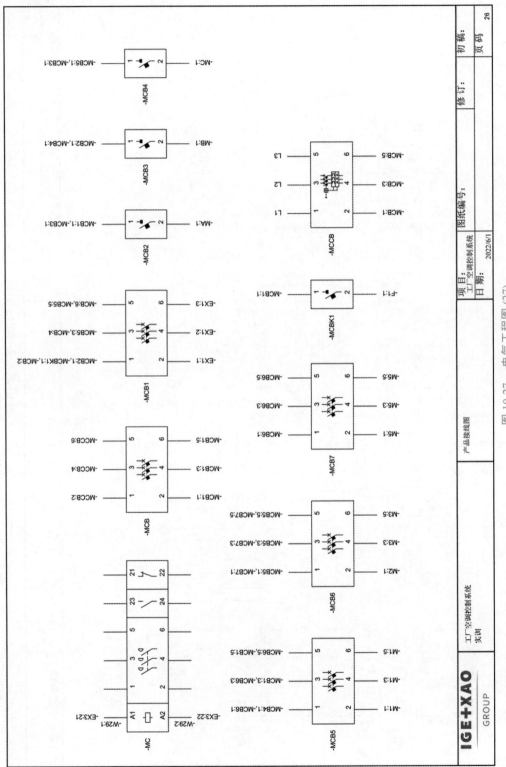

图 10-27　电气工程图 (27)

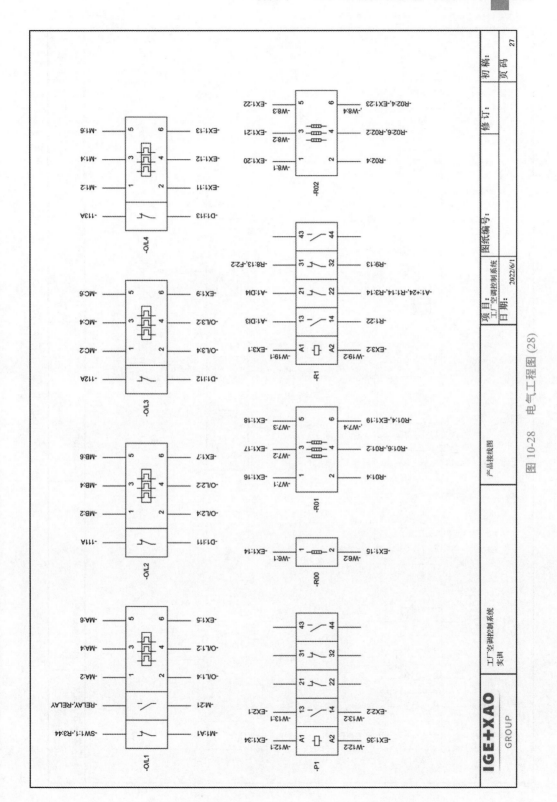

图 10-28 电气工程图 (28)

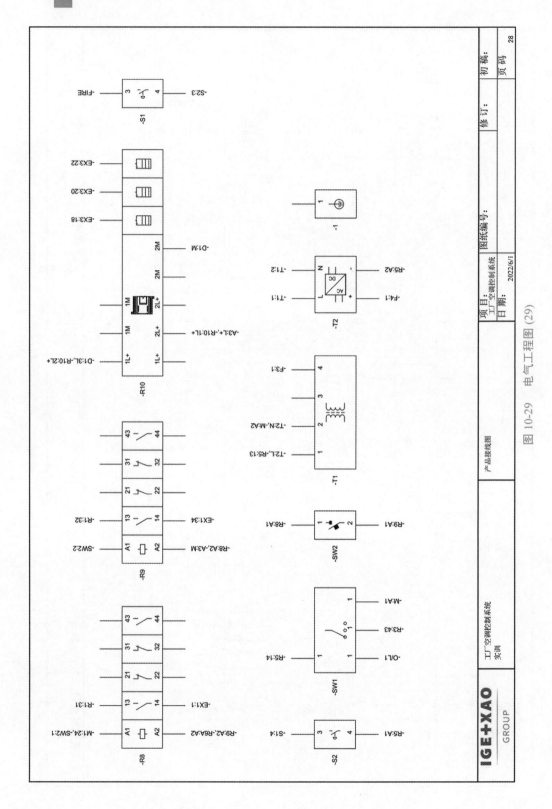

图 10-29 电气工程图 (29)

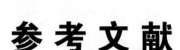

参 考 文 献

[1] 何利民,尹全英.电气制图与读图[M].3 版.北京:械工业出版社,2012.

[2] 张应龙.电气工程制图与识图[M].北京:化学工业出版社,2015.

[3] 王鹏,过怡,淮文军.Protel DXP 电路设计及应用教程[M].北京:中国电力出版社,2014.

[4] 武海滨,胡建生.AutoCAD2004 实训教程[M].北京:化学工业出版社,2009.

[5] 李晓玲,蓝汝铭.电气工程制图[M].西安:西北工业大学出版社,2010.

[6] 孙振东,高红.电气电子工程制图与 CAD[M].2 版.北京:中国电力出版社,2015.

[7] 杨松林,郝立军.电气工程 CAD 技术应用及实例[M].北京:化学工业出版社,2009.

[8] 钱可强,王槐德,韩满林.电气工程制图[M].北京:化学工业出版社,2004.

[9] 胡仁喜,闫聪聪,等.AutoCAD2016 电气设计快速入门实例教程[M].北京:机械工业出版社,2017.

[10] 王素珍.电气工程 CAD 实用教程[M].北京:人民邮电出版社,2012.

[11] 涂晶洁.机械制图[M].北京:机械工业出版社,2013.

[12] 张宪,张大鹏.电气制图与识图[M].2 版.北京:化学工业出版社,2013.

[13] 杨波,宋卫卫.工程制图[M].北京:机械工业出版社,2018.

[14] 韩忠华,王凤英,阚凤龙.电气工程 CAD 实用教程[M].北京:机械工业出版社,2018.

[15] 白公,等.怎样阅读电气工程图[M].4 版.北京:机械工业出版社,2017.

[16] 王俊峰,王兰君,等.精讲电气工程制图与识图[M].北京:机械工业出版社,2014.

[17] 黄北刚.怎样看懂电气图[M].北京:化学工业出版社,2015.

[18] 孙开元,郝振洁.机械制图工程手册[M].2 版.北京:化学工业出版社,2018.

[19] 陈丽娟.电气 CAD 的技术融合发展趋势分析[J].电子技术与软件工程,2015(02):130-131.

附　录

名　称	符　号	名　称	符　号
电阻器		带滑动触点的电阻器	
压敏电阻器		可调电阻器	
加热电阻器		光电阻器	
电容器		可调电容器	
极性电容器		预调电容器	
电感器		带磁芯的电感器	
1 极保险丝		1 极保险丝-开关	
2 极保险丝		3 极保险丝	
3 极保险丝和开关		3 极保险丝-切断开关	

续表

名　称	符　号	名　称	符　号
二极管		隧道二极管	
可关断晶闸管		三端双向可控硅	
N 门极		P 门极	
晶闸管三极管		晶闸管四极管	
LED		光电池	
三极管		光敏晶体管	
NPN 晶体管		PNP 晶体管	
常关晶体管		二极管整理器 230 V	
光耦 AC		光耦 DC	
电缆 1		双绞线电缆	
1 极继电器线圈		1 极交流继电器	
1 极热动继电器		1 极人工继电器	

续表

名　称	符　号	名　称	符　号
热敏电阻继电器		电子时间继电器	
电流继电器	$I>$	电压继电器	U
相位继电器	φ	时间继电器	$t°>$
1极常开继电器触点		2极常开继电器触点	
1极常闭继电器触点		2极常闭继电器触点	
常开开关	1S2 13 14	常闭开关	1S1 21 22
1极常开开关手动	1 N 2 N	1极安全开关	U N PE U N PE
2极常开开关	1 3 2 4	3极常开开关	1 3 5 2 4 6
单极断路器		多极断路器	
断路器	1F3 $I>I>I>$ 13 14 17 23 24	应急开关	1S3 21 22
电动机三相+PE	U1 V1 W1 M 3~	电动机三相 Y/D	W1 V2 V1 U2 U1 W2 M 3~
电动机三相绕线	U1 V1 W1 M 3~ 1 2 3	步进电动机	U1 V1 W1 M

续表

名　称	符　号	名　称	符　号
交流发电机		直流发电机	
伏特计		安培计	
温度计		相位计	
转速计		频率计	
按钮		电铃	
蜂鸣器		灯	
光纤		热敏开关	
滤波器		整流器	
接地		直流	
等电位		交流	
端子		连接点	
AC/DC 转换器		插头和插座	

续表

名 称	符 号	名 称	符 号
电池		多组电池	
磁力传感器		感应式接近传感器	
光电传感器		PT-100 传感器	
温度传感器		超声传感器	
一级避雷器		火花隙	
电压变压器		变压器 3 组 Y/D	

附表 2　　　　　　　　　　　　SEE Electrical 快捷键

快捷键	命　令	图　标	快捷键	命　令	图　标
工作区和页面			编辑		
Ctrl+O	打开工作区		Delete	删除选定内容	删除
Ctrl+N	新建工作区		Ctrl+C	复制	复制
Alt+N	新建页面		Ctrl+V	粘贴	粘贴
Page Down	下一页	下一页	Ctrl+X	剪切	剪切
Page Up	上一页	上一页	Ctrl+A	全选	全部
Ctrl+S	保存工作区		F5	刷新	刷新
Alt+E	关闭当前页面	关闭	F6	单个元素	单个元素
Ctrl+P	打印		F7	选择组件	组件
F3	缩放至原始大小	缩放至原始大小	Shift+G	添加到块	添加到块
F4	按窗口缩放	按窗口缩放	Alt+G	拆解	拆解
Alt+Shift+G	打开/关闭网格	网格	Ctrl+G	创建块	块
绘制			Ctrl+Z	撤销上次操作	
F11	上电位	上	Ctrl+Y	恢复	
F12	下电位	下	Alt+S	打开/关闭捕捉元素	捕捉元素
Ctrl+1	1 线	1线	Alt+T	打开/关闭元素跟踪标记	元素跟踪标记
Ctrl+2	正交布线	正交布线	插入符号		
Ctrl+3	3 线	3线	Z 或 +	逆时针旋转 90°	
Ctrl+T	新建文本	A	X 或 −	顺时针旋转 90°	
Ctrl+E	编辑文本		A 或 /	缩小 1/2	
Shift+C	绘制圆	圆	S 或 *	放大 2 倍	
Shift+E	绘制椭圆	椭圆	L	线形多插入	
Shift+L	绘制线	线	R	矩形多插入	
Shift+R	绘制矩形	矩形	0	提示数量	
选择			机柜		
Ctrl	单个选择		F7	选择导轨上的组件	
Shift	连续选择		Ctrl+Shift	选择多个组件	